U0145515

Program Management Body of Knowledge

大型專案管理知識體系

魏秋建 教授 著

五南圖書出版公司 印行

作者序

　　大型專案是企業執行策略並達成目標的跨事業部行動，成功之後可以為企業產生新的能力，為企業創造競爭優勢。專案則多半是事業部內的任務，成功之後只能改善事業部的績效。簡單的說，大型專案的功能是變革改造整個企業，專案的功能則是改善事業部，大型專案是企業考量內外在環境，制定競爭策略後的舉措，專案則是事業部面對績效壓力下的作為，兩者的目的、層級和影響範圍完全不同，所以在管理手法上也應該不一樣。如果不知道它們的差異性，直接將專案管理的方法應用到大型專案上，必定無法達成大型專案的目標。

　　網路時代的企業全球競爭越來越激烈，經營策略的角色也因此越來越重要，而企業策略的成功關鍵，是策略的執行而不是策略的制定，因此負責落實企業策略的大型專案，就變成企業的核心管理能力，因為它是企業創造競爭優勢的不二法門。如果企業沒有管理大型專案的能力，那麼十分肯定，這個企業永遠無法落實策略，最後被淘汰是必然的結果。

　　因此，不只在事業部要做好專案的管理，在企業層級更要做好大型專案的管理，才能超越競爭對手，進而維持企業的永續經營。為了協助企業建立大型專案的管理能力，美國專案管理學會編撰這本大型專案管理知識體系，架構清楚、簡單易懂，可以讓各種領域的讀者，迅速掌握大型專案的管理精髓，快速應用到所屬企業以提高競爭優勢。

本書是美國專案管理學會（APMA, American Project Management Association）的大型專案經理（Certified Program Manager）證照認證用知識體系。本書之撰寫，作者已力求嚴謹，專家學者如果發現有任何需要精進之處，敬請不吝指教。

魏秋建

2016/12/16

Contents

Part **1**

大型專案管理知識體系

Contents

Part **2**

大型專案管理知識領域

Contents

管理方法

案」計劃

1. 制定效益地圖
2. 制定藍圖
3. 制定大型專案計劃
4. 制定大型專案源由
5. 規劃大型專案組織架構
6. 確認大型專案管理活動
7. 制定關係人聯結計劃

7. 關係人聯結計劃

大型專案管理層級模式

Part 1

大型專案管理知識體系
Program Management Body of Knowledge

大型專案概念

　　大型專案是指為了達成企業目標，需要統一協調管理多個彼此相關的專案，成功執行完畢可以為企業產生效益和創造價值。例如企業為了提高競爭優勢，可能需要同時執行幾個專案，包括產品行銷、製程改善、人員訓練、以及資訊系統更新等等，如果這些專案不是在企業的願景和策略下展開，那麼很可能專案之間的工作會互相重疊，嚴重時甚至彼此矛盾，例如新的資訊系統、新的製程和採購方式不一致，人員的訓練與新制定的標準有落差等等。簡單的說，大型專案是要藉著產出新的能力和文化，來提升企業的競爭優勢，為關係人創造價值。相對於專案，大型專案的時程較長，範圍較多，因此不確定性（uncertainty）和混淆性（ambiguity）也較高，所以大型專案成功的關鍵在於對變化的反應能力（responsiveness），專案則是因為相對確定，因此關鍵在執行的效率（efficiency）。大型專案的不確定性是指缺乏可靠的資訊，難以判斷因果關係，甚至無法預測目標清楚的行動結果。混淆性則是因為有多個可能方案，因此關係人對目標沒有一致的共識，導致目標在過程會持續變更。例如4G手機技術的開發，因為目標明確，因此混淆性低，但是結果較難預測，因此不確定性高。又例如都市開發案，目標可以多元，因此混淆性高，但是結果相對好

預測，因此不確定性低。一般來說，只要有牽涉到技術的更新和文化的變革，通常都是高混淆性和高不確定性的大型專案，需要有經驗的大型專案經理，配合有系統的大型專案管理方法才能圓滿完成。圖1.1說明大型專案的管理。其中左下角的狀態是現況、右上角的狀態是大型專案的實現效益和創造價值，中間有若干個專案，本例為七個專案，分別從專案1到專案7，大型專案經理的責任是確保每個專案（例如：軟體系統開發案和人員訓練案）的產出（output），也就是可交付成果（deliverable）（例如：完成的軟體系統和訓練好的人員），可以形成企業的能力（capability）（例如：行銷自動化），能力移轉到營運部門之後，可以帶來具有競爭力的結果（outcome）（例如：提高客戶處理速度），這個結果所造成的實質貢獻就是為企業所實現的效益（benefit）（例如：增加20%銷售收入），所有效益的綜合表現可以為企業創造價值（value）（例如：提升市場占有率）。

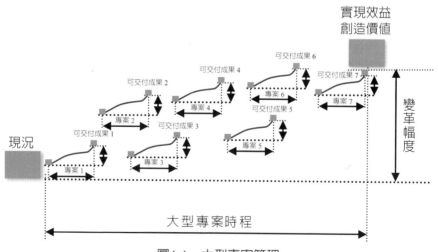

圖1.1　大型專案管理

　　圖1.2詳細說明大型專案如何為企業創造價值，由圖中範例可以發現，此大型專案分為三個循環，第一循環執行完畢專案1、專案2和專案3，整合三個專案的可交付成果，可以形成能力1，移轉能力1到事業部門，必須經過整合以克服變革的阻力，整合完成可以產生新的營運結果1，這個結果可以為企業實現效益1。第二循環執行完畢專案4和專案5，整合這兩個專案的可交付成果，可以形成能力2，移轉能力2到事業部門，必須經過整合以克服變革的阻力，整合完成可以產生新的營運結果2，這個結果可以為企業實現效益2。第三循環執行完畢專案6和專案7，整合這兩個專案的可交付成果，可以形成能力3，移轉能力3到事業部門，必須經過整合以克服變革的阻力，整合完成可以產生新的營運結果3，這個結果可以為企業實現效益3。綜合效益1、效益2和效益3就可以為企業創造新的價值。圖1.2中專案6畫到專案7的紅色箭頭，代表兩個專案有相依關係。

　　大型專案的來源可以細分為兩種，一種是為了執行企業策略所展開的大型專案（vision-led program），另一種則是為了產生綜合效果，把現有的幾個專案合併成為一個大型專案（emergent program）。第一種大型專案的困難點在於範圍的決定，也就是應該納入哪些專案，才可以圓滿達成企業策略。另一方面，因為專案多半是由事業部根據自己的需要發起，計劃送到企業進行預算核定的時候，沒有大型專案制度的企業，會以投資組合的思維，對每個專案進行預算的分配，最後變成多專案的管理（multi-project management）。有大型專案制度的企業，則會從企業策略目標的角度審視這些專案，分析有沒有可能用大型專案的方式，來統一管理這些專案，而產生更大的綜合效益。這個過程可能會排除對大型專案目標沒有貢獻的專案，或是需要產生新的專案來填補大型專案某個層面沒有被涵蓋到的空缺，最後就形成大型專案管理（program management），這是第二種大型專案的起因。

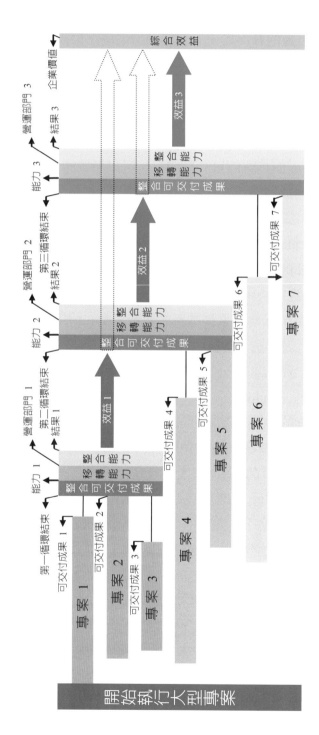

圖1-2 大型專案創造企業價值

如果從組織層級的角度來看，大型專案可以分成：(1)戰略型大型專案（strategic program）：可能是策略驅動型大型專案或是合併型大型專案，這種大型專案著眼在中長期的企業效益（business benefits），可能是為了轉型企業或是改變商業模式。戰略型大型專案是企業為了執行策略所進行的組合管理的產物。(2)戰術型大型專案（tactical program）：多半以合併型大型專案的方式管理，可以產出策略性的結果，但是牽涉較多管理、作業和技術層面，通常具有高不確定性，和中到低的混淆性。戰術型大型專案是為了提高經營的效率（business performance），或是創造新的能力。(3)作業型大型專案（operational program）：為了產生持續和局部改善的長期性大型專案，通常由短期的專案所組成，產出的預測性高，目的在改善作業績效（operation performance）。值得一提的是很多大型專案會隨著時間的變化，從戰略型變成戰術型，再從戰術型變成作業型。

大型專案從現況（as is）到效益實現（to be）的過程，其實是在進行企業的變革（change），圖1.1現況和效益實現在縱軸方向的差，代表變革的幅度，雖然大型專案必須對環境的變化隨時進行調整，但是企業如果想在極短的時間內進行很大的變革，勢必會遭遇到很大的阻力，因此做好變革管理是大型專案成功的關鍵。總括來說，大型專案管理的重點包括：(1)大型專案治理（program governance），(2)決策管理（decision management），(3)變革管理（change management），(4)關係人聯結（stakeholder engagement）和(5)效益管理（benefit management）。以下說明幾個和大型專案管理有關的重要名詞：

| 可交付成果（Deliverable） | 每個專案完成之後可以產出的標的物，例如一個IT系統的子系統。 |
| 能力（Capability） | 整合幾個專案的可交付成果所形成的企業能力，例如IT系統完成測試，可以移轉給營運部門。 |

結果 （Outcome）	企業能力移轉到營運部門之後，所造成的營運狀態，例如增加客戶處理速度。
效益 （Benefit）	新的營運狀態對企業的改善衡量，例如提高銷售收入20%。
價值 （Value）	綜合所有效益為企業或關係人所創造的價值，例如增加市場占有率10%。

⌒1.1⌒ 大型專案與組合管理

　　為了達成策略性目標，企業通常需要同時執行好幾個專案或大型專案，但是因為資源有限，如何從所有的候選專案和大型專案中，選擇一組對企業綜合投資報酬率最大的專案和大型專案組合，稱為組合管理（portofolio management）。列入這個組合裡面的所有專案和大型專案，彼此之間不一定有直接的關聯性。可能是一個大型專案和幾個專案，或是幾個大型專案和幾個專案。組合管理是一個持續重複的過程，即使是在定案之後，如果有其他的問題或機會發生，組合裡面的某些專案或大型專案，可能會被其他更有效益、更緊急的專案或是大型專案所取代。組合管理的層級如圖1.3所示。

策略管理	企業分析外在環境的機會和威脅，衡量內部的優勢和劣勢，為了領先對手所做出的策略性行動。
組合管理	落實策略性行動所必須執行的一組專案和大型專案，組合管理是一個動態調整的過程。
大型專案管理	協調管理多個專案，整合它們的產出，以提升企業能力，為企業實現效益和創造價值的過程。
專案管理	管理專案團隊如期、如質、如預算的產出預定的可交付成果的過程。

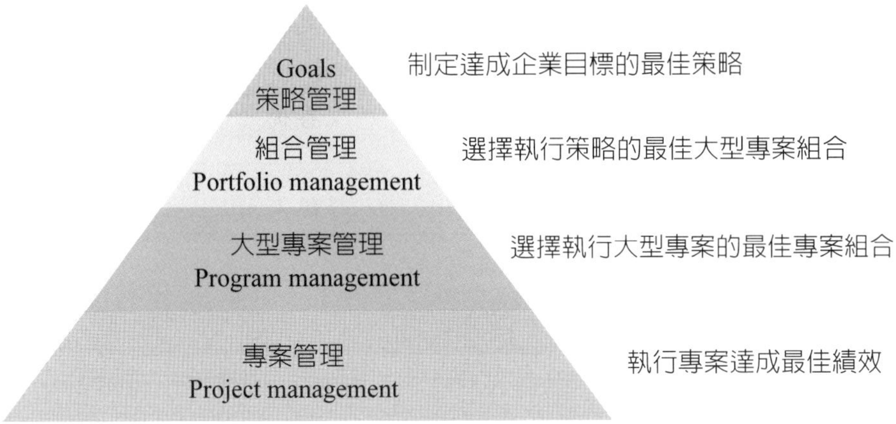

圖1.3　大型專案與組合管理

1.2　大型專案與專案

　　大型專案（program）（圖1.4a）是指包含多個專案，橫跨多個事業部，具有高混淆性和不確定性的複雜行動，它是企業提升能力的方法，成功後可以為企業帶來永久性的正向改變。簡單的說，大型專案就是治理和管理多個專案，以達成企業期望的效益。相對於大型專案，單一專案（圖1.4b）通常是事業單位內部的作為，每個專案被視為是個別的行動，彼此獨立沒有關聯性，資源由事業部提供，成功後可以為事業部產出期望的可交付成果。大型專案和專案的詳細差異如圖1.4。從期程的角度來看，大型專案時間較長，不確定性比較高，因此過程必須對環境的變化，在每一個循環修改計劃做出回應，變更的依據是實際效益和預期效益的差距。專案的時間則相對較短，因此不確定性比較低，過程重在確保專案依照計劃執行，修改計劃被認為是不得已的做法，變更的依據是實際績效和績效基準的差距。圖1.5說明大型專案和專案的管理重點，專案的管理重點是範圍、成本和時間，大型專案的重點是效益、關係人和治理。

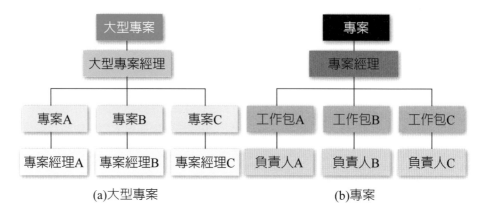

圖1.4　大型專案和專案的關係

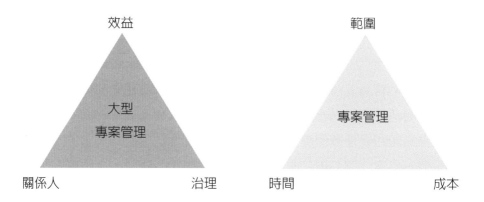

圖1.5　大型專案和專案的管理重點

　　產業界的困擾之一是如何判斷一個行動需要以專案或是大型專案的方式進行，如果只是以規模大小和期程長短當做判斷的標準，那麼就會產生以專案方式管理大型專案，或是以大型專案方式管理專案，以致降低成功機率。專案和大型專案可以從五個面向加以區別，包括：(1)目標的一致性，(2)結果的預測性，(3)聚焦的層級，(4)影響的廣度，和(5)變革的移轉。表1.1說明專案和大型專案的評估，其中A、B、C為三個待評估的行動，經過五個面向在3個等級的評估

之後，A分數爲12，B分數爲9，C分數爲11。分數介於5到9爲專案，分數介於10到15爲大型專案，因此A和C應該視爲大型專案，以大型專案方式進行管理；B則應該視爲專案，以專案方式進行管理。上述的評估應該至少由3個人進行，包括發起人，大型專案管理辦公室代表，組合管理或策略制定團隊代表。

表1.1　專案和大型專案的評估

	評估等級			評分		
	1	2	3	A	B	C
目標一致性	一致	可協調	不一致	2	3	2
結果預測性	可以	中度	不可以	2	1	3
聚焦層級	一個事業部	多個事業部	整個企業	3	2	2
影響廣度	技術面	組織面	文化面	2	1	3
變革移轉	直接交付產品	執行移轉作業	執行移轉流程	3	2	1
總分				12	9	11

1.3 大型專案的管理

一般的專案是以績效爲導向（performance-based）的產出，符合基準（baseline）所要求的可交付成果（deliverable），是一種預期式（predictive）的管理。複雜的專案則是因爲目標不明確，過程必須持續變更和小量規劃，才能產生滿足關係人期望的效益，這是一種適應式（adaptive）的管理。大型專案則是以學習爲導向（learning-based）的配合環境變化，循環式（cyclic）的持續調整策略，以提升能力實現預期的效益（benefits），是一種綜合預期式和適應式（adaptive）的管理。因此大型專案不但不能直接引用傳統專案的管理方法，而且還要從更爲宏觀的角度進行管理，才能順利達成大型專

案的目標，爲企業實現效益和創造價值。相對於專案的管理，大型專案的管理必須調整成以下的思維方式：

1. 以目標管理取代範圍管理：大型專案經理必須配合關係人需求的變化，隨時調整和管理大型專案，也就是根據對關鍵成功因素的貢獻度和達成率，排序大型專案內的專案；換句話說，大型專案的範圍是變動的，沒有辦法管理，大型專案的目標是明確清楚的效益實現，它才是大型專案管理的重點。

2. 以步調管理取代時間管理：大型專案的排程是呈現關鍵的專案可交付成果，以及專案間的相依和界面關係的一個途程，管理重點是專案相依關係下實現效益的步調（pace）。因爲大型專案的環境會改變，導致需求會改變，因此其內的專案會改變，相依關係也會改變，但是不管這些狀況如何變化，大型專案還是要依據效益實現計劃的步調，逐步交付符合策略目標的效益。

3. 以資源管理取代成本管理：專案的預算管理是回溯式（retrospective）的和基準做比較；大型專案的預算管理則是前瞻式（prospective）的和未來效益做比對，包括財務和非財務效益，因此大型專案要在未來可以成功達成目標，必須配合效益實現的步調，管理所有未來需要的資源；換句話說，大型專案的重點是管理實現期望效益所需要的資源，而不僅僅是成本而已。

4. 以結果管理取代品質管理：專案的品質管理是規劃線性（linear）的流程，來規範專案產出的正確性。大型專案則是以循環式（cyclic）的流程，產出專案可交付成果，整合成果後形成能力，能力移轉後獲得結果（outcome），結果衡量後實現效益。品質對於專案的範圍，就好像結果對於大型專案的目標一樣，所以大型專案的品質管理就是管理達成目標的結果。

5. 以關係人關係管理取代人力資源管理：專案的人力資源管理主要著重在專案團隊的管理，強調進行團體建立（team building），

大型專案對人力資源的管理則是包括所有的關係人，尤其是要解決他們之間的歧見，以取得對期望效益的共識。大型專案的關係人關係管理除了要了解每個關係人對大型專案的貢獻之外，特別強調要和關係人建立夥伴關係（partnership）。

6. 以溝通行銷管理取代溝通管理：專案的溝通管理主要是讓關係人了解專案的近況，大型專案不只要讓關係人知道狀況，還必須取得他們對大型專案的支持，因此大型專案團隊必須建立對關係人的互動溝通行銷系統，在落實策略和實現效益的前提下，取得關係人的持續支持，以及必要時快速獲得他們的回饋意見和需要的決策。

7. 以不確定性管理取代風險管理：專案的環境相對穩定和可預測，因此專案的風險管理主要著重在可以預測到的已知威脅事件的發生機率和衝擊。大型專案則不論是在規模、時程、或是決策變數，都遠比專案來得混沌和不確定，導致大型專案結果的不可預測性，因此大型專案必須管理好的是未知的不確定性，而不是已知的風險。

8. 以夥伴管理取代採購管理：專案的時程相對較短，而且採購通常是低價者得標，因此供應商是建立在合約上的短期關係。大型專案的時程較長，因此應該以建立夥伴關係的方式管理採購。大型專案的夥伴關係可以視為一個價值鏈，也就是從左端的客戶，中間由左到右的銷售人員、專案團隊、採購人員，到右端的供應商。首先由左到右，客戶提供需求給銷售人員，銷售人員轉知需求給專案團隊，專案團隊根據需求規劃專案採購要求，採購人員根據採購要求進行採購。其次由右到左，供應商提供採購元件給採購人員，採購人員提供採購元件給專案團隊，專案團隊執行專案交付產品給銷售人員，銷售人員整合產品交付能力給客戶。整個價值鏈包括銷售人員的客戶夥伴管理，專案團隊的關係人夥伴管理，和採購人員的供應商夥伴管理。

9. 以關係人聯結取代關係人管理：大型專案經理必須和關係人緊密聯結（engagement），以取得他們對大型專案的目標、效益和結

果的支持，持續確認效益、溝通效益、了解效益和實現效益。聯結關係人的主要目的是極大化他們對效益交付的貢獻。相對於專案關係人的被動式管理，大型專案的聯結關係人是一種主動式的管理，類似迅捷專案（agile project）管理的和客戶保持高度的緊密配合。

大型專案管理能力

　　大型專案的目的是為企業實現效益和創造價值，過程必須配合環境的變化，包括問題和機會的演化，以及關係人需求的改變，在每一個循環調整達成目標的策略，和執行策略的行動順序和組合。特別是大型專案將產出的能力移轉到營運部門時，必須進行組織文化的改變和工作方式的調整，因此大型專案經理需要的能力和專案經理完全不同。另外和專案比較起來，大型專案在規模、期程、不確定性、混淆性、關係人數量，以及結果的整合，都更為複雜而多變。一般來說，大型專案多半是為了加強企業能力、促進組織變革、推出新產品，和開發新能力等而存在，也就是為了產生一個持久的能力和效益，企業可以利用它們來達成策略性目標而存在。專案則只是為了產出特定的可交付成果，和企業目標的聯結性相對比較弱。在大型專案管理過程，大型專案經理必須提供協助和引導專案經理，必須確保大型專案的管理架構和流程，可以讓每個專案成功完成工作，必須將專案的可交付成果整合成大型專案的最終期望效益。要能夠做到這樣，大型專案經理必須同時關照大型專案的目標和企業的組織文化，在整個過程系統化的解決問題，最佳化的使用資源，和監督需求的變化。以下說明大型專案經理在各階段必須具備的能力。

建立大型專案（Establishing program）	1. 了解企業願景和使命，並且轉換成清楚的大型專案策略目標。
	2. 分析大型專案源由相關資料和市場資料。
	3. 訪談各階管理層以取得他們的需求和期望。
	4. 協助解決利益衝突並和不同關係人協商，以取得對資源使用和大型專案目標的共識。
	5. 使用各種財務方法進行成本效益分析。
	6. 與商業分析師和價值經理協同工作。
	7. 了解經濟以外的商業效益。
	8. 制定策略計劃和大型專案源由，包括長期的預算和短期的估計。
	9. 確認和排序大型專案關鍵成功因素。
	10. 以口頭和書面方式，有效的對各級經理和人員，溝通相關策略概念。
	11. 了解如何行銷以取得大型專案的核准。
	12. 根據成果的評估，重新修訂大型專案。
定義大型專案（Defining program）	1. 與各階管理層協同合作。
	2. 評估和建立與潛在夥伴的關係。
	3. 建立跨部門的大型專案管理架構。
	4. 評估組織進行新行動的負荷和能力。
	5. 了解組織內的政治。
	6. 根據組織的變革妥善度和緊急性，安排大型專案的步調。
	7. 根據大型專案的策略目標，排序組織的資源使用。
	8. 使用所有可用資源，並與相關部門保持緊密關係。
	9. 從各種管道收集和分析資料。

	10. 根據企業治理系統，規劃大型專案的治理架構。
	11. 了解大型專案和專案的績效報告需求，並且發展有效的決策支援系統。
實現大型專案效益 （Realizing benefits）	1. 分析和釐清需求，並轉爲關鍵專案可交付成果。
	2. 識別和關注直接貢獻到效益的專案可交付成果。
	3. 以大型專案的層級，進行里程碑和關鍵可交付成果的監督和報告。
	4. 了解專案經理需要的知識和技術。
	5. 了解專案最佳實務並推廣爲組織的標準。
	6. 將資源經驗與能力和專案做最佳的配對。
	7. 協商大型專案的資源使用，特別是矩陣型和功能型組織。
	8. 做爲專案發起人，分派、授權和指導專案經理。
	9. 管理大型專案層級和跨專案的風險，領導專案風險的管理。
	10. 了解組織的採購規定和法律問題，領導大型專案和專案的採購。
	11. 解決部門經理和專案經理之間，以及大型專案關係人和不同利益單位之間的衝突問題。
	12. 運用領導和溝通技巧，管理各個層級的關係人。
	13. 分析專案經理以及其他關鍵資源的能力，必要時採取適當的作爲。
	14. 清楚定義大型專案經理和企業整合經理，將新能力整合到營運部門的角色。
	15. 行銷大型專案的效益。
	16. 引導發起人和客戶進行專案審查。
	17. 與營運部門經理評估組織變革的妥善度。
	18. 排定專案和效益交付的步調。

	19. 管理變革並更新關係人排序。
	20. 持續調整跨專案的資源使用順序。
	21. 主導專案的結束過程,並確保客戶允收可交付成果。
	22. 協同高階管理層審查大型專案。
	23. 進行基準評估和機會評估。
	24. 解讀和呈現複雜的資訊。
	25. 了解統計品質管制的方法。
	26. 了解如何利用專案管理資訊系統產生有用的資訊,能夠解讀和目視趨勢。
	27. 產生和解讀財務資料。
	28. 管理風險和效益的相關資料。
	29. 依據藍圖衡量效益和能力的實現。
	30. 建議價值訴求的審核和更新。
	31. 主導變革管理。
	32. 根據效益的評估,確認下一循環的解決方案。
	33. 以創意進行議題解決。
	34. 審查和更新下一循環所需要的文件。
	35. 進行專案的知識管理。
結束大型專案 (Closing program)	1. 確保達成大型專案的目標和效益。
	2. 協調剩餘工作的整合和移轉。
	3. 如果大型專案提早終止,分析其原因和得出結論供未來參考,確保能夠極大化效益。
	4. 收集和歸檔大型專案的所有資料。
	5. 分析資料和做出結論,並製作績效摘要報告。
	6. 與高層和團隊有效溝通大型專案的結果。
	7. 管理大型專案所釋出的資源。
	8. 支持大型專案成員的生涯發展機會。

大型專案管理組織

　　大型專案的成功來自於責任明確的大型專案組織，包括角色、責任、管理架構和報告系統，大型專案組織是一個臨時性的編制，大型專案結束之後，組織解散人員歸建。大型專案的組織架構和治理系統會根據大型專案的特性而有不同，如果大型專案是和外部的策略夥伴一起執行，那麼組織架構和治理系統就會比較複雜。大型專案組織成員通常包括發起人委員會、大型專案發起人、大型專案委員會、大型專案經理、企業變革經理、效益負責人、專案發起人、專案經理、大型專案辦公室等。大型專案組織的規劃設計是大型專案經理的責任，經由大型專案發起人的核准實施，組織規劃的內容必須包括組織圖、成員、角色責任等。如前所述，大型專案組織是臨時性，成員都是借調過來的，因此大型專案發起人和大型專案經理，應該利用團隊建立等各種方法，迅速建立良好的工作關係、責任感和忠誠度。圖3.1為大型專案的組織架構說明，最上層是發起人委員會，主席是發起人長。第二層是大型專案委員會，成員包括大型專案發起人，大型專案經理和一個或數個企業變革經理，企業變革經理再依據效益指定一個或多個效益負責人，大型專案發起人是大型專案委員會的主席。大型專案經理對大型專案發起人報告，企業變革經理則分別來自大型專案

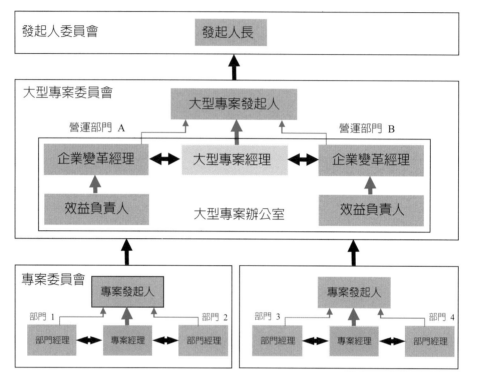

圖3.1　大型專案組織架構

相關的營運部門，對大型專案發起人負責，並與大型專案經理協同合作，做好所屬營運部門的變革和新能力的移轉，共同實現大型專案的預期效益。第三層是專案委員會，成員包括專案發起人，專案經理和相關單位的部門經理。如果大型專案包括好幾個專案，那麼第三層就會有好幾個專案委員會，來協助和監督所屬的專案。

　　大型專案管理辦公室（program management office）的主要責任是制定和管理大型專案相關的治理系統、流程規劃和模版設計。大型專案管理辦公室有時也負有組合管理的責任，最基本的責任是持續性的透過績效的報告和審查，收集和分析大型專案以及專案的相關資

料。大型專案管理辦公室的主要功能之一是在大型專案的層級，管理資源的分配，包括人員、進度和預算的整合協調。大型專案管理辦公室必須和個別的大型專案辦公室（program office）分開運作，大型專案辦公室的功能是協助大型專案經理和團隊，尤其是在大型專案內所有專案的資訊、資料、溝通、報告、監督和控制等，需要統一集中協調運作的時候。

大型專案管理角色責任

　　如果從發起的源頭開始，大型專案的投資決策通常由企業內部的高階管理層下達，稱為發起人委員會（sponsoring board），委員會主席稱為發起人長（executive sponsor），他們負責確立大型專案是否符合企業的策略目標。決定投資大型專案之後，發起人委員會指派一個成員來支援和監督這個大型專案，稱為大型專案發起人（program sponsor），他負責確保大型專案的效益被圓滿實現。在大型專案達成目標的過程需要進行很多的決策，這是大型專案委員會（program board），或稱為治理委員會（governance board）的責任，委員會人選通常由發起人長指派。接著大型專案發起人再指派一個適當的人來擔任大型專案的經理（program manager），負責大型專案的領導和管理，以及所有新能力（capability）的交付。大型專案經理根據大型專案範圍內所需要的專案，再指派適當的人員擔任每一個專案的專案經理，這些專案經理各自負責達成所屬專案的專案目標，產出指定的可交付成果。大型專案經理的角色就是這些專案的專案發起人（project sponsor）。每個專案的可交付成果需要移轉到營運部門，再經過整合之後，才能形成企業的新能力，為企業創造不一樣的營業結果（outcome），最後實現預期的效益。從移轉可交付成果到實

現效益的過程，需要有人負責完成，這就是企業變革經理（business change manager）或稱爲企業整合經理（business integrator）的責任。以下說明上述幾個角色的一般性責任。

發起人委員會（Executive sponsor）	1. 定義企業經營方向。 2. 背書大型專案治理架構（governance）。 3. 決定投資大型專案（investment decision）。 4. 制定大型專案指導（program mandate）。 5. 核准大型專案策略目標（strategic objectives）。 6. 評估企業風險（business risks）。 7. 定義變革架構（change framework）。 8. 持續支持預期效益。 9. 確立大型專案是否成功及簽結。
大型專案發起人（Program sponsor）	1. 負責達成大型專案願景（program vision）。 2. 對大型專案治理架構負全責。 3. 穩定大型專案投資決策。 4. 制定大型專案源由（program business case）。 5. 確定制定大型專案符合策略目標。 6. 管理策略性風險（strategic risks）。 7. 引導變革的過程。 8. 主持效益審查會議。 9. 對結果（outcome）負全責。
大型專案經理（Program manager）	1. 負責交付整合的能力（integrated capabilities）。 2. 定義大型專案治理架構。 3. 管理大型專案預算。 4. 規劃大型專案。 5. 確保大型專案的整合性和一致性。 6. 管理大型專案風險（program risks）。

	7. 啟動變革。
	8. 展現成果（results）和進度。
	9. 確保滿足要求（requirements）。
企業變革經理（Business change manager）	1. 實現效益並且將效益嵌入營運作業。
	2. 新能力和現有系統的併容性。
	3. 讓組織做好變革的準備。
	4. 監督結果。
	5. 管理作業風險（operational risks）。
	6. 衡量變革的影響。
	7. 最佳化效益實現的時間。
	8. 領導移轉管理（transition management）。
大型專案辦公室（Program office）	1. 大型專案行政管理（administration）。
	2. 大型專案治理流程品質控制。
	3. 大型專案財務會計。
	4. 設置監督和報告系統。
	5. 型態管理（configuration management）。
	6. 追蹤風險和議題（issues）。
	7. 控制變革過程。
	8. 檢驗效益的實現。
	9. 控制大型專案結束過程。

4.1 發起人委員會

發起人委員會（sponsor group）的職責是進行投資決策，定義企業的方向，並確保大型專案與企業策略目標相吻合。發起人委員會指派成員之一擔任大型專案發起人，發起人委員會也可以由組合管理委員會（corporate portfolio board）組成，發起人委員會的主席稱為發起人長（executive sponsor）。發起人委員會的持續領導是大型專案

的成功關鍵之一，發起人委員會在每個階段的角色如下：

建立階段	1. 核准企業策略方向。 2. 下達大型專案指導（program mandate）。 3. 核准大型專案的建立。 4. 核准大型專案的預算。 5. 依據目標授權大型專案的執行。 6. 指派、指導和支援大型專案發起人。
實現階段	1. 參加循環結束審查，並核准是否進入下一循序。 2. 核准大型專案的進度。 3. 解決大型專案之間的策略方向問題。
結束階段	1. 確立大型專案成功交付結果。 2. 核准大型專案的結束。

4.2 大型專案發起人

　　大型專案發起人（program sponsor）是對大型專案負最終成敗責任的人，他必須確保大型專案達成目標和實現效益，並且有足夠資歷可以領導和帶動大型專案委員會，以促使企業在各方面進行變革，達成解決問題和創造機會的目的，提升企業的經營績效，為關係人創造價值。因此大型專案發起人必須具備非常好的領導和決策能力，有相關的經驗和積極的人格特質，很好的溝通能力指導大型專案進行決策，可以專注在效益的實現，可以和大型專案團隊建立良好的關係，並且被主要關係人視為可以信賴的人。大型專案發起人在每個階段的角色如下：

建立階段	1. 建立和溝通大型專案的願景。
	2. 提供明確的方向領導。
	3. 確保有足夠的資金進行大型專案的建立、定義、實現和移轉。
	4. 確保建立大型專案治理架構。
	5. 確保大型專案源由的傳達。
	6. 指定大型專案委員會成員。
實現階段	1. 確保大型專案交付能力和實現效益。
	2. 維持與資深關係人的溝通界面，隨時聯結和通知他們。
	3. 監督大型專案的關鍵風險。
	4. 維持大型專案與企業目標的一致性。
	5. 執行品保和稽核。
	6. 確保大型專案組織的效率。
結束階段	審核大型專案結案報告。

4.3 大型專案委員會

　　大型專案委員會（program board）的責任是驅動大型專案往前推進，如期產出預定的結果和效益。大型專案委員會對大型專案發起人負責，並且負責大型專案發起人所指派的協助工作，包括跨專案的溝通協調，以及大型專案內的其他事項。大型專案委員會的當然成員包括大型專案發起人、大型專案經理、企業變革經理等人，其中企業變革經理可能有好幾個，分別來自相關的營運部門，其他部門的經理可以視需要加入以提供建議和專業經驗。大型專案委員會在每個階段的角色如下：

建立階段	1. 定義大型專案和專案的風險門檻。 2. 確保效益實現計劃的一致性。 3. 提供資源進行規劃。 4. 確保相關標準的應用。
實現階段	1. 確保大型專案如計劃交付效益。 2. 取得關係人的同意，解決專案之間的策略議題。 3. 聚焦在藍圖的制定、維護和達成。 4. 支援營運部門移轉能力後的穩定運作。 5. 監督效益的實現。 6. 協助解決風險議題。 7. 協助解決專案之間的相依問題。
結束階段	確保營運部門的穩定性。

4.4 大型專案經理

　　大型專案經理（program manager）是實際負責大型專案規劃、執行和結束的人，他的主要責任是成功交付能力，之後再將能力移轉到已經由企業變革經理變革完成，可以使用新能力的營運部門，利用新能力產出希望的新結果，為企業實現預期的效益。大型專案經理必須可以和不同特質的人共事，並維持良好的工作關係，必須具備好的領導和管理能力，擁有好的大型專案規劃、監督和控制能力，以及資源分配能力和尋求創意解決問題的能力。大型專案經理在每個階段的角色如下：

建立階段	1. 制定和執行大型專案治理架構。 2. 協助專案團隊的指派。 3. 協同企業變革經理制定大型專案藍圖。 4. 制定大型專案計劃。

實現階段	1. 代表發起人成功交付能力。
	2. 規劃和監督大型專案的進度，解決問題和執行矯正措施。
	3. 有效協調專案的相依關係。
	4. 管理出現的風險。
	5. 管理大型專案的預算，監督花費和效益。
	6. 確保專案的產出符合大型專案的需求，並且在預定的時間和預算內完成。
	7. 確保能力交付符合大型專案藍圖。
	8. 管理大型專案團隊的績效。
	9. 最佳化資源的使用。
	10.管理內外部的資源供應單位。
	11.管理和關係人的溝通。
	12.定期向發起人報告進度。
結束階段	制定大型專案結案報告。

4.5 企業變革經理

　　企業變革經理（business change manager）的責任是做好企業的變革，然後將大型專案所產出的新能力，融入營運部門的運作當中，再用新能力去實現可以衡量的效益。如果大型專案牽涉到好幾個部門的變革，那麼每個部門應該指派一個變革經理，並且都列席大型專案委員會，但是如果人員太多，也可以另外成立一個企業變革委員會，然後再派代表參加大型專案委員會。企業變革經理領導一個小組，以矩陣式組織進行變革任務的指派和效益的確認，企業變革管理的作為和大型專案以及營運單位有直接的關係。企業變革經理也稱為企業整合經理（business integrator）。企業變革經理在每個階段的角色如下：

建立階段	1. 協助制定效益管理策略。
	2. 確認企業變革責任和效益實現計劃一致。
	3. 確立大型專案外會影響藍圖的可能變革。
	4. 做好所屬單位的各種變革。
	5. 向大型專案發起人報告變革的妥善度。
	6. 向大型專案經理建議所有執行工作能否實現效益。
實現階段	1. 聚焦在有效益的變革。
	2. 確認和追蹤大型專案的產出和效益。
	3. 設計營運部門的未來營運狀態,並確保納入大型專案藍圖中。
	4. 確認原先沒有納入的可能效益,並確保達成後被認可。
	5. 確保和所屬單位的有效溝通。
	6. 執行效益可以被實現和衡量的機制。
	7. 監督變革後的能力和營業穩定性。
	8. 向大型專案發起人報告結果的達成和效益的實現。
	9. 確定效益沒有被重複計算。
	10.執行營運品保審查,以確保能力已經融入營運當中。
	11.最佳化專案可交付成果併入營運的時間。
	12.通知已經實現預期效益。
結束階段	確保大型專案結束後的持續效益實現。

4.6 效益負責人

　　效益負責人(benefit owner)是負責效益成功交付的人,他來自大型專案所影響的營運部門,每個效益負責人可以負責一個或多個效益的實現。效益負責人由企業變革經理指派,而為了提高效益負責人的責任感,一般會將效益的實現聯結到效益負責人的個人績效。視情況,有時企業變革經理也會自己負責一些效益的實現。效益負責人在

每個階段的角色如下：

建立階段	1. 協助制定效益地圖。
	2. 協助制定藍圖。
	3. 協助制定關係人溝通計劃。
	4. 協助制定大型專案計劃。
實現階段	1. 協助制定大型專案績效報告。
	2. 協助制定風險記錄。
	3. 協助制定議題記錄
結束階段	協助制定大型專案結案報告。

4.7 專案經理

專案經理（project manager）是負責規劃、執行、監督和控制專案，並產出可交付成果協助實現大型專案效益的人，專案經理對大型專案經理或是專案發起人負責，但是通常大型專案經理就是專案的發起人。專案經理在每個階段的角色如下：

建立階段	1. 協助制定大型專案計劃。
實現階段	1. 制定專案計劃。
	2. 監督專案績效。
	3. 指導和激勵專案成員。
	4. 如期產出專案可交付成果。
	5. 管理專案層級的風險和議題。
	6. 配合大型專案經理，確保專案之間沒有重複執行某項工作。
	7. 執行專案層級的變更。
結束階段	1. 制定專案結案報告。
	2. 經驗教訓留存。

大型專案管理架構

　　大型專案管理的執行過程千頭萬緒，如果沒有一套統合思維和行為準則的管理架構，很容易流為參與人員的各行其是，各自依照自己的行事邏輯和實務經驗來執行大型專案，其結果必定是衝突不斷，問題叢生。圖5.1為大型專案管理（program management）的管理架構。圖5.1的左邊是大型專案管理的願景，願景會依據每個企業或客戶的需求不同而有差異。圖5.1的中間下半部，代表管理好大型專案所需要的共通部分。首先是需要一組具備足夠大型專案管理能力的團隊（team），這組團隊的成員最好取得大型專案管理的能力認證，以確保大型專案的順利執行。其次是組織必須要有一套大型專案的治理制度（program governance system），以便大型專案團隊和所有的大型專案關係人，能夠在相同的遊戲規則下執行大型專案。接著是大型專案成員必須懂得完成大型專案所需要的組織變革，以便實現大型專案的效益。最後是組織要提供足夠的資源給大型專案團隊，否則即使大型專案團隊是巧婦，也難為無米之炊。這四項的下方是大型專案管理的知識庫和管理資訊系統。每一個大型專案在執行過程，一定會留下很多的經驗和教訓（lessons learned），每一個大型專案成員在多年之後，也一定會歸納出很多做事的方法和技巧，透過大型專案的知識

管理系統（project knowledge management system），可以把這些方法和技巧保留下來，然後經由實務社群（CoP－community of practice）的分享，全面提升定義大型專案人員的管理能力。最後，因為組織的國際化和競爭的全球化，建構一套電腦化的大型專案管理資訊系統，是組織提高管理效率的必要做法，有了這樣的網路系統，組織就可以更有效率的執行大型專案，而圓滿達成圖5.1右邊的大型大型專案願景。

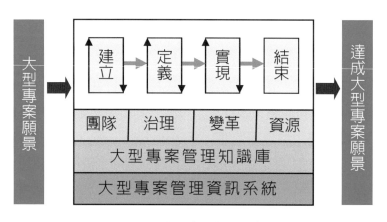

圖5.1　大型專案管理架構

大型專案願景 （Program vision）	大型專案希望達到的美好未來狀態的高階描述，它是決定大型專案結果（outcomes）和效益（benefits）的基礎。一個好的大型專案願景必須符合以下幾點： 1. 以未來的方式說明。 2. 容易理解。 3. 可以振奮人心。 4. 避免設定期限。

	5. 可以驗收。 6. 具有彈性。 7. 簡短易記。
建立 （Establishing program）	確定大型專案符合企業目標，然後制定大型專案指導和大型專案概要的過程。
定義 （Defining program）	制定大型專案效益地圖、藍圖、大型專案計劃，以及規劃大型專案組織、確認管理活動和制定關係人聯結計劃的過程。
實現 （Realizing benefits）	管理專案可交付成果、整合新能力和實現效益的過程。
結束 （Closing program）	審查大型專案整體成果，和結束大型專案的過程。
團隊 （Team）	所有大型專案的團隊成員，包括大型專案經理及其他全職或兼職的大型專案和專案人員，甚至是散佈在各處的虛擬團隊。
治理 （Governance）	執行大型專案活動所需要的大型專案組織（organization）和流程（process）。大型專案管理成熟度（project management maturity）可以用來衡量定義大型專案管理制度運作的好壞。詳細參閱定義大型專案管理成熟度一節。
變革 （Change）	達成大型專案的目標必須進行企業的組織變革，包括營運模式和工作習慣的改變等。

資源 （Resources）	完成大型專案活動所需要的人力、資金、材料、設備等等。
大型專案管理知識庫 （Program knowledge bank）	大型專案管理的知識管理系統，儲存大型專案管理最佳實務（best practice）和經驗教訓（lessons learned）等。
大型專案管理資訊系統 （Program information system）	一套電腦化的大型專案管理軟體系統，可以協助大型專案的規劃、執行和控制。結合大型專案知識管理系統，更可以留存大型專案管理的最佳實務。
達成大型專案願景 （Achieve program vision）	大型專案達成預定的願景，或是願景的達成顯而易見，即使有些效益在未來才會實現。

Chapter 6

大型專案管理流程

　　大型專案從開始到結束的階段劃分，稱為大型專案管理流程
（program management processes）。大型專案管理流程的清楚定義，
有助於大型專案各階段決策的管控和大型專案活動的展開。由於大型
專案和專案的特性完全不同，因此大型專案的管理流程不能直接引用
專案的發起、規劃、執行、控制、結束的管理流程，本知識體系採用
建立、定義、實現、結束四個階段做為大型專案的管理流程，分別代
表建立大型專案、定義大型專案、實現大型專案效益和結束大型專
案。圖6.1為大型專案管理知識體系的大型專案管理流程架構。包括
建立大型專案、定義大型專案、實現大型專案效益和結束大型專案。
值得注意的是建立、定義和實現三個階段的外框分別有左上右下的兩
個箭頭，代表這三個階段有循環遞迴的現象。

圖6.1　大型專案管理流程

　　圖6.2為大型專案管理的生命週期示意圖。大型專案的源頭是為

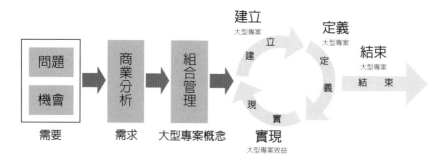

圖6.2 大型專案管理生命週期

了因應競爭壓力所必須解決的問題或是創造的機會，然後進行商業分析以發展出可行的行動方案，再以組合管理的方法，找出可以用最少成本產生最大效益的一組方案。這個組合裡的方案通常包括大型專案和專案，其中的大型專案就會進入建立、定義、實現和結束的管理流程，專案會進入發起、規劃、執行、控制和結束的管理流程。圖6.2因為企業必須隨著競爭環境的變化和關係人需求的改變而調整策略，執行策略的大型專案當然必須跟著調整，因此圖中的建立、定義和實現三個階段呈現遞迴的非線性現象，也就是大型專案過程，會根據環境的變化、需求的變更和效益的實現，調整大型專案策略和專案的執行順序，甚至是專案的內容。如果大型專案內的專案或是大型專案外的專案屬於複雜專案，那麼它們就需要進入專案願景／專案需求、探索模式、專案範圍、規劃循環、執行循環、監控循環和結束專案的管理流程。如果專案是開發產品，那麼就進行產品概念、產品發展和產品上市的流程。如果專案是行銷產品，那麼就進行狀況分析、策略制定、價值創造、產品銷售和客戶服務的流程。如果專案是工程營建，那麼就進行營建規劃、營建設計、營建採購、營建施工和營建結束的管理流程。本知識體系主要針對大型專案，因此只說明大型專案的管理生命週期。其他專案的詳細管理流程請參閱一般專案管理知識體

系、複雜專案管理知識體系，研發專案管理知識體系，行銷專案管理知識體系，營建專案管理知識體系等。

大型專案管理方法

執行大型專案管理的每一個階段，需要有一套執行的方法，這樣的大型專案管理方法，不是指執行階段所需要的專門技術，而是指執行階段的邏輯和思維架構。這樣的思維架構可以讓每一個階段任務的負責人員，很容易的抓到執行某一個任務的重點。圖7.1為大型專案管理方法的示意圖，中間方塊代表大型專案階段內的某一個階段，方塊左邊是執行該階段所需要的輸入資料或訊息。方塊上方是執行該階段所受到的限制（constraints），例如組織的政策，或是階段的假設（assumptions），例如不一定是真的事情認為是真，或是不一定是假的事情認為是假，限制和假設往往是大型專案風險的所在。方塊下方是執行該階段可以選用的方法（techniques）和工具（tools）。方塊右邊是執行該階段的產出。

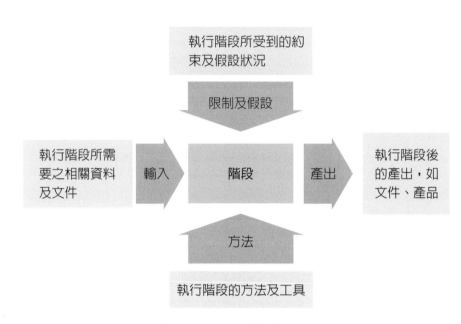

圖7.1　大型專案管理方法

大型專案管理層級模式

　　綜合前面幾章所提的大型專案管理架構（program management framework）、大型專案管理流程（program management processes）、大型專案管理步驟（program management steps）和大型專案管理方法（program management techniques），可以建構出一個三階的大型專案管理層級模式（program management hierarchical model）。以由上往下越來越詳細的方式，架構出一個完整的大型專案管理方法論（methodology）模式。熟悉這樣的模式之後，大型專案管理人員不但可以對大型專案管理的知識體系有更深刻的了解，而且在大型專案的執行實務上，可以有共同的溝通語言，對大型專案管理知識和實務的結合有很大的幫助。圖8.1為此一大型專案管理層級模式。圖中最上層的大型專案管理架構，點出大型專案管理的整體架構和內涵，組織可以由這個架構清楚知道，要管理好大型專案所必須具備的基礎架構（infrastructure），包括訓練合格的大型專案人員、適當設計的治理系統和管理制度、進行妥善的組織變革，以及提供必要的資源等。第二層的大型專案管理流程則是大型專案管理的階段性劃分方式和順序，四個階段的流程可以清楚的說明大型專案管理的起、承、轉、合。本知識體系以建立、定義、實現和結束的流程，來

串聯大型專案管理的整個過程。最底層是大型專案管理的方法,它是用來說明執行每個階段需要用到的技術和工具,以及會受到的限制和可能出錯的假設。大型專案管理方法的主要功能是提供大型專案人員一個清晰的邏輯思考方式,因為它不但清楚的說明每一個階段任務應該怎麼做,最重要的是提醒成員在做的時候,需要考慮哪些事項,以避免規劃執行時的思慮不周。下方的方法列出了所有可以採用的選項,有時是執行方法的順序,有時則是所有可行方法的羅列,實務操作上可以按照實際狀況予以取捨選用。

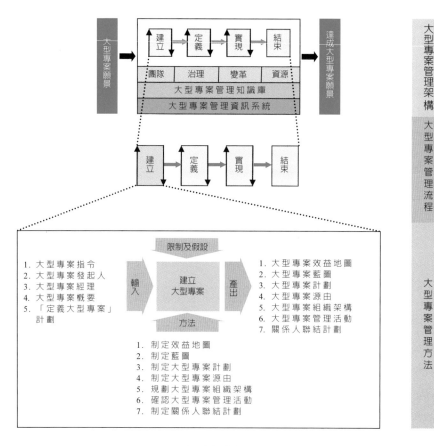

圖8.1 大型專案管理層級模式

Part 2

大型專案管理知識領域

Program Management Knowledge Area

商業分析

簡介

商業分析 （Business analysis）	商業分析（如圖9.1）是指根據企業所處的內外在環境（contexts），確認出有解決目前主要問題或創造未來重要機會的需要（needs），然後建議達成方法的執行方案（solutions），促成企業從現況變革（change）到期望狀態，最後為企業創造價值（value）的一項活動。簡單的說，商業分析的目的就是了解企業目前的處境（current state），定義企業未來的狀態（future state），並且決定如何由目前處境移動到未來狀態的方法。商業分析的主要任務包括：(1)了解企業的問題或長期目標（goals），(2)分析需求和方案，(3)制定策略，(4)引導變革，(5)促進關係人協同合作等。「商業分析」的主要工作事項包括： 1. 收集資料。 2. 管理需求。 3. 制定策略。 4. 發展方案。 5. 管理組合。

圖9.1　商業分析步驟

收集資料	收集和變革有關的相關資料。
管理需求	管理從需求出現一直到需求核准的過程。
制定策略	定義達成企業目標的最有效方法。
發展方案	組織、確認和驗證前面所獲得的需求，然後確認滿足需求的可行方案。
管理組合	確認、評估、選擇、排序、平衡和授權方案，以確保極大化整體組合的效益，達成企業預定的策略目標。

9.1 收集資料

　　收集資料（eliciting information）的目的是收集和變革有關的相關資料，收集方法可以是：(1)透過和關係人的直接互動來取得他們的經驗、專業和判斷，(2)分析歷史資料來發現關係人無法直接提供的訊息，(3)利用觀察、概念驗證或原型製作等，來挖掘無法從文件或個人身上取得的資訊。另外，可以同時使用多種方法來收集需要的資料。圖9.2為收集資料的方法。

圖9.2　收集資料方法

輸入	1. 收集資料計劃：包括資料收集的活動、技術、日期、時間、地點、資源、程序等。
	2. 需要：企業面臨的問題或是機會，引發商業分析的啟動。
方法	1. 訪談：訪談關係人以了解是否有解決問題或創造機會的需要。
	2. 問卷調查：以問卷方式調查有關客戶、產品或其他相關資訊，以做為商業分析之用。
	3. 焦點團體：與一組人座談，以取得產品構想或消費態度等。

4. 觀察：實際觀察產品和使用者，在不同地點和環境，如何使用和操作。

5. 標竿學習：和類似企業或產業標準比較流程、系統、服務等方面的表現，以了解待改善的差距。

6. 市場分析：了解客戶想要什麼，以及競爭者可以提供什麼。

7. 腦力激盪：在短時間內由關係人產生大量的產品構想。

8. 經營法則（business rules）：了解企業內部決策模式和運作的規則和限制。

9. 團隊遊戲（collaborative games）：可以更深入的了解問題，或是產生有創意的方案。

10. 概念模型（concept modelling）：找出重要的概念以及彼此的關係。

11. 資料探勘（data mining）：可以找出相關的資訊和資料的樣態。

12. 資料模型（data modelling）：可以發掘資料之間的關係。

13. 文件分析：分析現有的系統、合約、流程、政策、標準和規定。

14. 界面分析（interface analysis）：分析兩個系統、組織、人或角色之間的互動特性。

15. 心智模型（mind mapping）：可以從關係人找到很多構想。

16. 流程分析：分析現有的流程以發現可以改善的地方。

17. 原型製作：製作模型來取得或驗證關係人的需求。

18. 研討會（workshops）：從參加者取得有關客戶、市場產品等的資訊。

19. 資料審查：審查所獲得資料的正確性、可用性和相關性。

限 制	一
產 出	1. 資料收集：收集並且通過審查的資料。
	2. 需求：將解決問題或創造機會的需要（needs），表達成為需求（requirements）。需求的確認可以從：(1)高層的策略目標，(2)基層的流程或系統問題，(3)中層的決策資訊需求，(4)外部的客戶要求或是市場競爭。需要可能是目的、目標、企業需求、關係人需求、方案需求和移轉需求。

9.2 管理需求

　　管理需求 （managing requirements）的目的是管理從需求出現一直到需求核准的過程，包括需求的取得、排序和變更，以確保企業、關係人和解決方案三者之間的一致性。簡單的說，管理需求開始於企業解決問題或創造機會的需要（needs），表達成為需求（requirements），接著發展解決方案，最後到方案結果滿足需求為止。方案執行後所提升的能力，一旦融入營運部門，會持續對企業創造價值。圖9.3為管理需求的方法。

Program Management Body of Knowledge
大型專案管理知識體系

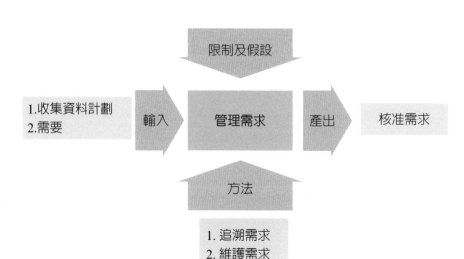

圖9.3　管理需求方法

輸入	1. 資料收集：詳細請參閱「收集資料」。
	2. 需求：詳細請參閱「收集資料」。
方法	1. 追溯需求：確認需求之間的連貫性，和需求和方案的一致性。進行需求的前後追溯，可以找出哪些需求已經處理，哪些還沒有被處理。需求追溯的方法包括經營法則分析、功能拆解、流程模型和範圍模型等。
	2. 維護需求：使用標準的流程來維持需求的正確性和一致性，包括需求的表達、審核和查閱。使用的方法包括經營法則分析、資料流程圖、資料模型，文件分析，功能拆解、流程模型、情境分析和使用者故事。
	3. 排序需求：排出需求對關係人的相對重要順序，可能是需求的相對價值，或是執行順序，需求的排序會隨著環境的變化而改變。需要之間的相依關係也是排序的基礎。

使用的方法包括需求庫管理（backlog management），決策分析、財務分析、訪談、議題追蹤、風險分析和研討會。

4. 評估變更：評估變更要求對需求和方案的潛在影響，包括是否符合整體策略、影響交付的價值、時間或資源需求，是否造成和其他需求的衝突，或是改變風險的等級，而且每一個變更必須可以追溯到一個需要（need）。使用的方法包括經營法則分析、決策分析、文件分析、財務分析、界面分析、訪談、風險分析和研討會等。

5. 核准需求：取得對需求的共識和核准，使用的方法包括評估和允收標準、決策分析、研討會和審查。

限制	—
產出	核准需求：關係人核准通過的需求。

9.3 制定策略

　　制定策略（formulating strategy）的目的是將需求轉成企業目標，然後定義達成企業目標的最有效方法，也就是定義期望的未來狀態以及從現況轉變到未來的最佳方式。如果未來的結果可以預測，那麼未來狀態和轉變方式就可以清楚定義。相反的，如果未來的結果很難預測，那麼因為未來狀態和轉變方式很難清楚定義，所以策略就應該著重在降低風險、檢驗假設、以及改變過程直到可以達成目標的策略出現。圖9.4為制定策略的方法。

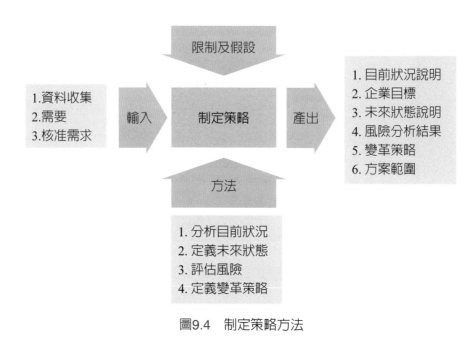

圖9.4　制定策略方法

輸入	1. 資料收集：詳細請參閱「收集資料」。 2. 需要：詳細請參閱「收集資料」。 3. 核准需求：詳細請參閱「管理需求」。
方法	1. 分析目前狀況：了解企業為什麼需要進行改變，以及這個改變會影響到哪些層面。使用的方法包括標竿學習、市場分析、企業能力分析、經營模式分析、構想模式、資料探勘、文件分析、財務分析、焦點團體、功能拆解、訪談、經驗教訓、關鍵績效指標、心智地圖、觀察、組織模式、流程分析、流程模式、風險分析、根本原因分析、範圍模式、問卷調查、SWOT分析、供應商分析、研討會等。 2. 定義未來狀態：決定滿足需要（need）的一組未來狀況，未來狀態必須清楚定義到：(1) 可以確認達成未來狀態的策略，(2)提供結果的清楚定義，(3)說明解決方案的範圍，(4)說明未來狀態的價值，(5)促進關係人的共識。

未來狀態可能是企業組織的增加、移除或修正、進入新市場、實施併購、人員訓練、能力提升等等。未來狀態可以使用企業目標（objectives）或目的（goals）來說明，目的也被稱為長期目標，時間較長、持續進行、是未來的定性式狀態說明，例如提高競爭優勢、改善獲利、增加客戶滿意度、縮短上午時間等。目的可以再轉成更具體的量化目標，例如：在六個月內提高30到40歲客戶的銷售量。目標必須符合SMART的原則，也就是 Specific（明確）：可以觀察的結果、Measurable（可衡量）：結果可以追蹤和衡量、Achievable（可達成）：能力可及、Relevant（相關）：符合企業願景、使命和目的、Time-bounded（有期限）：有達成的期限。定義未來狀態的方法包括允收和評估標準、平衡計分卡、標竿學習、市場分析、腦力激盪、企業能力分析、經營模式分析、決策分析、決策模式、財務分析、功能拆解、訪談、經驗教訓、關鍵績效指標、心智地圖、組織模型、流程模型、製作原型、範圍模式、問卷調查、SWOT分析、供應商評估、研討會等。最後獲得企業目標、未來狀態說明和潛在價值。

3. 評估風險：評估和目前狀況、未來狀態、變革過程和變革策略有關的風險，包括風險發生的機率、後果、衝擊、發生時間等。使用方法包括腦力激盪、決策分析、文件分析、財務分析、訪談、經驗教訓、心智地圖、風險分析、根本原因分析、問卷調查、研討會等。

4. 定義變革策略：制定從目前狀況變革到未來狀態的所有可能作法，然後選擇最好的策略。變革策略會說明變革的環境、可能的策略、最佳策略理由、資源需求、價值創造、主要關係人和變革過程的過渡狀態。使用方法包括平衡計分卡、標竿學習、市場分析、腦力激盪、企業

	能力分析、經營模式、決策分析、財務分析、焦點團體、功能拆解、訪談、經驗教訓、心智地圖、組織模型、流程模型、範圍模型、SWOT分析、供應商評估和研討會等。
限制	—
產出	1. 目前狀況說明：目前狀況說明的內容包括企業能力、資源、績效、文化、基礎建設、外部影響力、以及它們之間的關係等。 2. 企業目標：企業在內外部競爭環境的壓力下，必須解決某些問題或是創造某些機會，才能維持競爭優勢，這些問題或機會所衍生出來的就是企業策略性目標（strategic objectives）。可以使用包括SWOT，或是關係人需求分析等的方法，來確認企業策略目標。 3. 未來狀態說明：未來狀態說明內容包括企業組織改變的範圍、未來狀態的期望價值、期望未來能力、政策、資源、基礎建設，以及它們之間的關係。 4. 風險分析結果：達成未來狀態的相關風險，以及降低風險的策略，包括避免風險，減少衝擊或降低發生機率。 5. 變革策略：企業引導變革的方法。 6. 方案範圍：執行變革策略可以達成的解決方案的範圍。

⌈9.4⌉ 發展方案

發展方案（design options）的目的是組織、確認和驗證前面所獲得的需求，然後找出可以滿足需求的可行方案。發展方案是一個逐步開展的遞迴過程，先把最初的需要和方案範圍轉成需求，然後探索所有可行的方案，包括大型專案、專案及其他行動，以做為後續管理組合的基礎。圖9.5為發展方案的方法。

限制及假設

輸入　　　發展方案　　　產出　　　可行方案

1.企業目標
2.資料收集
3.核准需求
4.變革策略
5.方案範圍

方法

1. 組織需求
2. 確認需求
3. 驗證需求
4. 定義架構
5. 確認方案

圖9.5　發展方案方法

輸入	1. 企業目標：詳細請參閱「制定策略」。 2. 資料收集：詳細請參閱「收集資料」。 3. 核准需求：詳細請參閱「管理需求」。 4. 變革策略：詳細請參閱「制定策略」。 5. 方案範圍：詳細請參閱「制定策略」。
方法	1. 組織需求：分析、綜合和精煉之前所收集的資料，使其可以轉成需求和方案。如果重點是了解需要，那麼產出的就是需求。如果重點是在滿足需要，那麼產出的就是方案。組織需求使用的方法包括：允收和評估標準、企業能力分析、經營模式、經營法則分析、概念模型、資料流程圖、資料模型、決策模型、功能拆解、界面分析、非功能需求分析、組織模型、流程模型、製作原型、根本原因分析、範圍模型、順序圖、關係人清單／地圖、狀態模型、情境分析、使用者故事等。

2. 確認需求：檢查是否正確使用組織的商業分析工具和方法，是否使用正確的模版和表格、每種模型的內容完整性、比較不同模型的一致性、需求的表達是否易懂等。使用方法包括：允收和評估標準、關鍵績效指標、審查等。

3. 驗證需求：持續的驗證需求是否符合企業的目的和目標，可以為關係人實現效益。如果需求無法驗證，代表需求無法創造效益。驗證需求使用方法包括：允收和評估標準、文件分析、財務分析、關鍵績效指標、審查、風險分析等。

4. 定義架構：需求架構（requirements architecture）是指從現況到未來的整個變革的所有需求，以及它們之間的關係，它可以顯示需求之間如何彼此協調支援的達成企業的目標。需求架構和模型規格（流程模型、資料模型、經營模式等）可以確保所有需求，組成一個可以達成企業目標的整體。使用方法包括：資料模型、功能拆解、訪談、組織模型、範圍模型、研討會等。

5. 確認方案：找出達成需求的所有可行方案，將需求分配給方案，直到所有需求都有方案處理為止。使用方法包括：允收和評估標準、腦力激盪、文件分析、訪談、經驗教訓、心智地圖、根本原因分析、問卷調查、供應商評估、研討會等。

限制	—
產出	可行方案：可以達成需求的所有可行方案。

9.5 管理組合

管理組合（managing portfolio）的目的是確認、評估、選擇、

排序、平衡和授權可以解決問題或創造機會的方案，以確保極大化整體組合的效益，達成企業預定的策略目標。組合管理內可能包括有：(1)另一個組合：由大型專案和專案所組成，(2)大型專案：由大型專案和專案所組成，和(3)專案。組合管理代表企業的投資決策和行動，所以必須符合企業的策略目標，必須可以量化衡量他們對企業的貢獻，而且組合內的組成通常可以按照某些特性加以分類，例如風險高低和回收大小、長期效益或短期效益等。圖9.6為管理組合的方法。

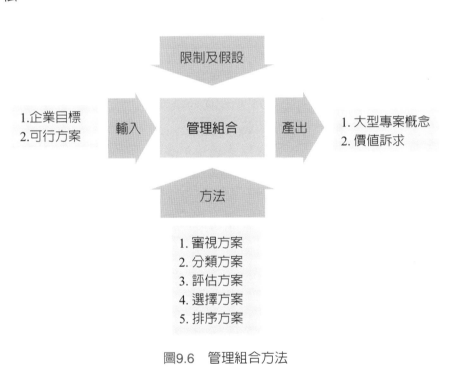

圖9.6　管理組合方法

| 輸入 | 1. 企業目標：詳細請參閱「制定策略」。 |
| | 2. 可行方案：詳細請參閱「發展方案」。 |

方法	
	1. 審視方案：確認方案是否符合企業的策略目標，資源需求、期程，對效益實現的貢獻、風險大小和緊急程度等。最後分別產出一個合格和不合格的方案清單。
	2. 分類方案：將合格的方案清單進行分類，類別可以是提高獲利、降低風險、增加效率、符合法規、提高市占、流程改善、IT升級等等。無法歸類的方案由組合管理團隊決定是否繼續保留做後續評估。
	3. 評估方案：收集每個方案的相關定量或定性資料，然後設定評估標準和權重，再對每個方案進行在每個標準的表現評分，分數乘上權重。加總所有標準的分數，就是該方案的綜合表現。評估標準可以是財務面、法規面、市場面、技術面或人力資源面等等。最後再利用圖表配合門檻值，呈現所有方案的表現，以方便進行組合決策。表9.1為評分法範例。
	4. 選擇方案：根據資源產能，例如人力和設備等，以及財務能力等的限制，再配合方案評估的結果進行選擇。
	5. 排序方案：將選擇好的所有方案，進行兩兩比較，依照贏的次數由多到少排序。如果排序標準有好幾個，可以根據每個方案在每個標準的表現排序，最後平均所有標準的排序就是方案的順序。

表9.1　評分法

評估標準	權重	評分等級					分數	權重×分數
		很低	低	中等	高	很高		
A	0.3	1	3	5	7	9	7	2.1
B	0.2	1	3	5	7	9	5	1.0
C	0.5	1	3	5	7	9	9	4.5
							總分	7.6

6. 平衡組合：在希望以最小的投資達成極大化組合效益的目標下，進行組合內所有方案的風險和收益、長期和短期等的平衡取捨。方法包括：(1)成本收益分析，如淨現值（NPV, net present value），內部報酬率法（IRR, internal rate of return）和回收期（PP, payback period）等。(2)情境分析：根據一些假設，分析各種組合的可能結果。(3)機率分析：利用決策樹和蒙地卡羅模擬等方法，分析方案成功或失敗的成本和收益等。(4)圖形分析：使用圖形，例如泡泡圖（bubble chart）來目視和比較組合內的方案。如圖9.7所示，其中泡泡大小代表專案成本。平衡組合的最後就是獲得核准納入組合的所有方案清單，如果之後組合有任何變動，組合管理團隊必須向關係人說明原因，以及異動對達成企業策略目標的影響。

7. 授權方案：正式指派資源進行方案的源由（business case）制定，特別是針對大型專案源由（program business case）的制定。

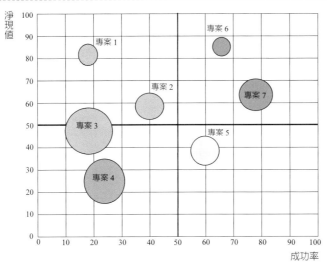

圖9.7　泡泡圖

限制	一
產出	1. 大型專案概念：大型專案概念（program concept）又稱為機會源由（opportunity case），它是大型專案的最源頭的文件，目的是要粗略評估大型專案能否為企業創造機會，它是價值訴求文件的一部分。大型專案概念經過核准之後，就會成立大型專案委員會（program board）和指派進行「建立大型專案」的大型專案經理（program manager）。 2. 價值訴求：大型專案的價值訴求（value proposition）通常在組合管理階段確定，也可以在「建立大型專案」階段進行，確立價值訴求是大型專案管理辦公室的責任，但是大型專案委員會也應該參與制定。總括來說，高層根據內外部環境，定義策略行動的目標，然後產生幾個價值說明，這些說明就變成大型專案的價值訴求，例如提高獲利、增加市場占有率等。

建立大型專案

簡介

建立大型專案 （Establishing program）	「建立大型專案」階段（如圖10.1）的主要目的，是由發起人委員會核准一個來自企業高階委員會發出的大型專案指導（program mandate），做為大型專案的最高指導原則，大型專案經理再根據這個指導原則，發展大型專案概要（program brief），這是一個高階的粗略大型專案源由（program business case），做為發起人委員會核准進入下一階段「定義大型專案」的依據。「建立大型專案」和「定義大型專案」階段的花費通常獨立於後續階段之外，因為這兩階段的所有努力，就是希望取得「實現大型專案效益」階段的預算。除此之外，「建立大型專案」和「定義大型專案」階段的大型專案經理也通常不是後續階段的大型專案經理，因為此兩階段需要的是一位較為資深，可以和高階

圖10.1　建立大型專案階段

	的重要關係人協商談判的人選。「建立大型專案」階段的主要工作事項包括： 1. 制定大型專案指導。 2. 制定大型專案概要。 3. 制定「定義大型專案」計劃。
大型專案指導 （Program mandate）	來自企業高層的策略規劃，由發起人委員會核准發出的一個評估大型專案潛力的指導文件。
大型專案概要 （Program brief）	大型專案經理協同企業變革經理，根據大型專案指導所制定出來的一個高階的大型專案源由，內容包括大型專案的願景和效益，由發起人委員會核准是否進入詳細的規劃作業。
「定義大型專案」計劃	一個規劃「定義大型專案」階段需要哪些活動、時程、成本和資源需求的計劃。

　　建立大型專案 （establishing program）的目的是在投入資源規劃大型專案之前，快速的評估潛在的大型專案，包括策略配適度、願景、成本、期程和風險，最後提出一個高階的大型專案源由。首先由發起人委員會簽核大型專案指導（program mandate），指派適當的大型專案發起人，再由大型專案發起人指派適合的大型專案經理，根據大型專案指導，制定包含願景的大型專案概要，最後完成一個「定義大型專案」的計劃，由發起人委員會審核是否可以進入下一步驟「定

義大型專案」。建立大型專案大約需要3到5個人花6到12週的時間完成。圖10.2為建立大型專案的方法。

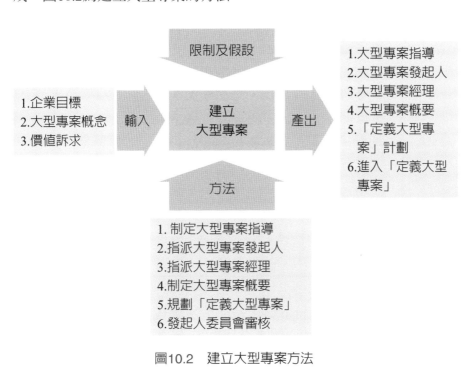

圖10.2　建立大型專案方法

輸入	1. 企業目標：詳細請參閱「制定策略」。
	2. 大型專案概念：詳細請參閱「管理組合」。
	3. 價值訴求：詳細請參閱「管理組合」。
方法	1. 制定大型專案指導：發起人委員會發出大型專案指導（program mandate），包括概略的大型專案願景（vision），可以做為指派大型專案發起人和大型專案經理的參考。
	2. 指派大型專案發起人：指派適合支援和監督大型專案，並對大型專案負最終成敗責任的發起人。

3. 指派大型專案經理：指派適合進行定義大型專案的大型專案經理。

4. 制定大型專案概要：大型專案經理協同企業變革經理（business change manager），制定大型專案概要（program brief），內容包括企業需要變革的高階說明、概略的可交付效益，大型專案概要是一個粗略的大型專案源由（high-level business case）。

5. 規劃「定義大型專案」：規劃「定義大型專案」步驟所需要的所有活動，包括它們的成本、時程和資源需求。

6. 發起人委員會審核：發起人委員會審查大型專案概要和「定義大型專案」計劃，並核准是否進入「定義大型專案」步驟。

限制	—

產出	1. 大型專案指導：大型專案的最源頭文件，內容說明企業的需要（business need），策略的符合度（strategic fit），期望的大型專案結果（outcomes），完成大型專案概要和進行「定義大型專案」所需要的時間、成本和資源。 2. 大型專案發起人：被指派來協助和監督這個大型專案的大型專案發起人。 3. 大型專案經理：被指派來進行「建立大型專案」和「定義大型專案」的大型專案經理。 4. 大型專案概要：根據大型專案指導所制定的文件，內容包括大型專案願景、效益、專案、管理活動、關鍵風險和議題、成本、限制、假設、組織執行能力等。 5. 「定義大型專案」計劃：執行「定義大型專案」階段的計劃，內容包括需要的活動、資源、成本、可交付成果、角色責任、管理方法、如何確保效益、藍圖和專案的一致性等。

6. 進入「定義大型專案」：發起人委員會核准大型專案概
   要和「定義大型專案」計劃，大型專案經理進入「定義
   大型專案」。

定義大型專案

簡介

定義大型專案 （Defining program）	「定義大型專案」階段（如圖11.1）的主要目的，是根據大型專案概要的內容，發展可以產出所需結果和效益的專案，以及相關作業的詳細計劃，然後制定一個詳細的大型專案源由（detailed business case），做為發起人委員會核准進入下一階段「實現大型專案效益」的依據。「定義大型專案」階段的主要目的就是希望獲得發起人委員會的核准，進入「實現大型專案效益」階段。「定義大型專案」階段的主要工作事項包括： 1. 制定大型專案效益輪廓和效益地圖。 2. 制定大型專案藍圖。 3. 制定大型專案計劃。 4. 制定大型專案源由。 5. 規劃大型專案組織。

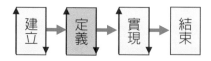

圖11.1　定義大型專案階段

	6. 定義大型專案管理活動。
	7. 制定關係人聯結計劃。
大型專案效益輪廓和效益地圖（Program benefit profile and benefit map）	可以呈現大型專案預期效益和企業目標、大型專案目標、專案可交付成果之間關聯性的圖形。制定大型專案效益地圖的關鍵是：(1)是否深入了解大型專案的效益，(2)效益輪廓和效益地圖是否符合企業的策略目標，(3)在「實現大型專案效益」階段是否有規劃審查效益輪廓和效益地圖的檢核點。
大型專案藍圖（Program blueprint）	大型專案希望達到的企業未來狀態的詳細說明，制定大型專案藍圖的關鍵是：(1)是否有依照大型專案概要內的願景（vision）、結果（outcomes）和效益，制定詳細的未來狀態說明。(2)是否對達成未來狀態所需要的變革程度有相當的了解，(3)是否有詳細規劃從目前狀況到未來狀態的階段性變革，(4)是否有足夠的資料用以確認創造未來狀態所需要執行的專案，(5)在「實現大型專案效益」階段是否有規劃審查藍圖的檢核點。
大型專案計劃（Program plan）	說明達成大型專案目標所需要執行的專案和它們之間的關聯性。制定大型專案計劃的關鍵是：(1)是否有完整的專案時程和成

	本清單，包括現有專案納入到大型專案，以及新增加的專案，(2)是否規劃有大型專案層級的活動清單，包括效益實現、風險管理、關係人聯結、大型專案規劃、監督和控制。(3)是否有實際可行的大型專案計劃，可以進行產出（outputs）、結果和效益的追蹤。(4)是否藍圖中的階段性變革，清楚的呈現在大型專案的計劃當中。
大型專案源由 （Business case）	定義大型專案階段的總結報告，它是詳細的大型專案源由（detailed business case）。
大型專案組織	大型專案的治理系統和組織架構，制定大型專案組織的關鍵是：是否有執行大型專案的領導和管理架構。
大型專案管理活動	大型專案層級的管理活動，例如風險管理、議題管理等。
關係人聯結計劃	大型專案關係人的溝通管理計劃，制定關係人聯結計劃的關鍵是：(1)是否有確認和分析關係人，(2)是否有制定和關係人的應對溝通計劃。

　　定義大型專案（defining program）的重點包括建立大型專案治理系統、定義大型專案架構、組織初步團隊、發展詳細的大型專案源由和大型專案計劃，發展候選專案等等。「定義大型專案」的最終目的就是獲准進入「實現大型專案效益」階段。「定義大型專案」和「建立大型專案」兩個步驟前後會遞迴很多次，以規劃每一循環的大型專案範圍和效益實現策略。主要關係人必須密切參與「定義大型專案」

步驟，並且可以用大型專案關鍵成功因素做為規劃的準則。圖11.2為定義大型專案的方法。

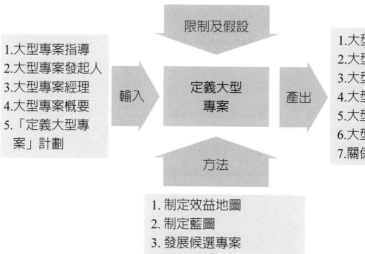

限制及假設

| 輸入 | 定義大型專案 | 產出 |

1.大型專案指導
2.大型專案發起人
3.大型專案經理
4.大型專案概要
5.「定義大型專案」計劃

1.大型專案效益地圖
2.大型專案藍圖
3.大型專案計劃
4.大型專案源由
5.大型專案組織架構
6.大型專案管理活動
7.關係人聯結計劃

方法

1. 制定效益地圖
2. 制定藍圖
3. 發展候選專案
4. 規劃循環
5. 制定大型專案計劃
6. 制定大型專案源由
7. 規劃大型專案組織架構
8. 確認大型專案管理活動
9. 制定關係人聯結計劃

圖11.2 定義大型專案方法

輸入	1. 大型專案指導：詳細請參閱「建立大型專案」。
	2. 大型專案發起人：詳細請參閱「建立大型專案」。
	3. 大型專案經理：詳細請參閱「建立大型專案」。
	4. 大型專案概要：詳細請參閱「建立大型專案」。
	5. 「定義大型專案」計劃：詳細請參閱「建立大型專案」。

方法	1. 制定效益地圖：確認大型專案的可能效益，並且為每個效益製作一個效益輪廓（benefit profile），然後制定效益地圖來說明效益彼此之間、以及效益和企業策略、大型專案目標、專案產出之間的關聯性。制定效益地圖的步驟如下：(1)對應大型專案目標到企業策略目標，(2)對應效益到大型專案目標，(3)確認達成效益需要的變革，(4)對應專案產出到變革，(5)連結大型專案目標、企業變革和專案產出，(6)排序效益和企業變革。詳細說明如下：

(1)對應大型專案目標到企業策略目標：大型專案目標是指大型專案必須交付的高階描述，如果沒有在大型專案指導中說明清楚，可以召集主要關係人，利用腦力激盪的方式，詢問關係人大型專案希望達成的目標，最後歸納成2到3個目標，不要超過4個目標，而且目標必須可以衡量，表達方式範例：降低成本（to reduce cost）10%。

(2)對應效益到大型專案目標：召集營運部門代表和大型專案團隊一起研討找出大型專案的效益，可以從大型專案概要內的效益開始，再加上大型專案概要制定以後出現的效益，效益可以說是為何執行這個大型專案的解答，表達方式範例：成本降低（reduced cost）8%。

(3)確認達成效益需要的變革：找出實現效益需要的主要企業變革，包括工作流程和習慣改變。達成企業變革需要執行的活動必須在大型專案計劃（program plan），效益實現計劃（benefits realization plan）或是適當的專案計劃中說明。

(4)對應專案產出到變革：專案產出是指可以提升能力以實現效益的專案可交付成果，將專案產出對應到相應的變革。

(5)連結大型專案目標、企業變革和專案產出：再次確認
大型專案目標、企業變革和專案產出之間的關聯性，
連接線越多的節點，代表重要性越高。

(6)排序效益和企業變革：根據對效益實現的重要性，排
定效益實現和企業變革的順序，然後針對這些重要的
效益，每個效益製作一個效益輪廓（benefit profile）並
指派負責人，效益輪廓是效益的詳細說明，它會隨著
大型專案進展修正得越來越清楚。

實務上，大型專案團隊可以和2到3個主要關係人完成效
益地圖的初稿，再由大型專案委員會進行效益的排序。

2. 制定藍圖：大型專案經理協同企業變革經理，依據大型
專案概要上的高階願景和期望結果（outcomes），制定
一個詳細描述企業未來狀態的大型專案藍圖，由大型專
案委員會審核。制定藍圖時，首先定義期望的結果，做
為了解效益的依據，進而確認專案必須交付的產出。制
定藍圖是一個遞迴的過程，因為有些效益可能在後續才
會浮現；換句話說，藍圖會隨著大型專案的進展逐步修
正，因為未來狀態會隨著大型專案的進展越來越清楚。
實務上可以指派一個專人，負責確認藍圖和效益地圖及
專案產出的一致性。另外，藍圖也必須和願景做比對，
以確定願景上的內容都已經被涵蓋。

大型專案藍圖的內容應該包含：

(1)未來狀態說明。

(2)目前狀況說明。

(3)分析目前狀況和未來狀態的差距。

(4)從目前狀況到未來狀態的階段變革。

(5)達成階段變革所需要交付的產出。

(6)有關未來狀態交付的任何疑點。

(7)制定藍圖的任何假設與限制。

大型專案藍圖必須進行現況和未來狀態的差異分析,以了解達成未來狀況所需要的變革幅度,差異分析包括:

(1)流程:會被未來狀態影響到的目前使用流程,以及新流程的樣式。

(2)組織:會被未來狀態影響到的營運部門的組織架構,以及新的組織型式。

(3)技術:目前使用的技術架構,例如IT架構,以及新的技術架構。

(4)資訊:目前有的資訊,以及運作未來狀態需要的資訊。

由差異分析可以確認有哪些變革需要執行,這些變革在「實現大型專案效益」階段,會逐步以階段的方式,分為幾個循環依序完成。也就是每個循環會完成一些變革,因此藍圖不只要說明最終狀態,也要說明幾個中間狀態,但是期程短於2年的大型專案,可以不用設置中間狀態。

藍圖的審查時機如下:

(1)每一個循環開始之前。

(2)大型專案範圍或效益有變更的時候。

(3)過渡到未來狀態之前,確認進行新營運模式的所有能力都已移轉。

(4)過渡到未來狀態之後,確認進行新營運模式所有能力都已就位。

3. 發展候選專案:大型專案概要中或許已經列出一些需要執行的專案,因此可以將大型專案概要和藍圖、效益地圖及效益輪廓做比對,以確保所有需要的專案都已經確認出來,如果不夠完整,可以進行以下三個步驟:

(1)利用腦力激盪的方式發展出可以實現效益的專案、以及移轉和整合等活動。有兩種作法：(a)組合現有專案成大型專案，(b)由大型專案的關鍵成功因素展開成專案，理想上每個關鍵成功因素找出10到20個候選專案進行分析。如圖11.3所示。

(2)評估候選專案符合目標的程度和達成目標的機率，首先驗證和關鍵成功因素的聯結性，接著透過組合、修正、價值分析和風險分析等來改善候選專案，符合性和達成率分析如表11.1和表11.2。

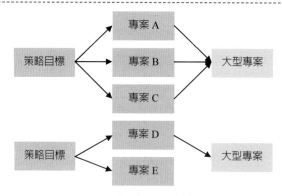

(a)組合現有專案

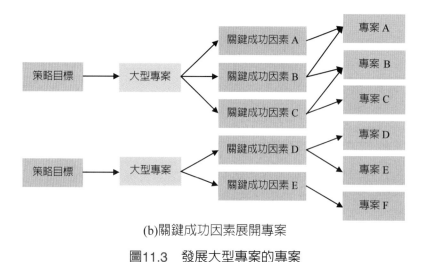

(b)關鍵成功因素展開專案

圖11.3　發展大型專案的專案

表11.1　候選專案符合度分析

		期望效益					
		CSF A	CSF B	CSF C	CSF D	CSF E	總分
		40	30	15	10	5	
可提供效益	專案一	4	4	6	3	8	440
		160	120	90	30	40	
	專案二	7	4	2	5	8	520
		280	120	30	50	40	
	專案三	6	7	3	3	1	530
		240	210	45	30	5	
	專案四	4	4	3	3	2	365
		160	120	45	30	10	
	專案五	2	7	4	4	9	435
		80	210	60	40	45	

表11.2　候選專案達成率分析

	10	5	2.5	1.25	0.625	評分	小計
財務							
估計總成本	<5%	5-10%	10-15%	15-20%	>20%	7	70
影響企業現金流量	<5%	5-10%	10-15%	15-20%	>20%	7	70
資金來源	100% 內部	25% 外部	50% 外部	65% 外部	100% 外部	4	40
期望收益年限	<3 月	3-12 月	1-2 年	2-5 年	>5 年	5	12.5
限制							
團隊人數	1-2 人	3-5 人	6-10 人	11-50 人	>50 人	4	20
合約種類	標準		一些修正		全部修正	3	7.5
工作分散程度	單一地點	2-3 地點	>3 地點	團隊＋虛擬	全部虛擬	6	30
期程	可接受		很趕		不適當	5	12.5
預算	可接受		很緊		不適當	3	30

人力資源

資源分散程度	團隊	內部	團隊＋外包	全部外包	內部＋外包	5	25
對資源熟悉度	都知道		一些新的		全不知道	3	7.5
關鍵工作	沒有	很少	少但重要	很多	多且重要	6	30
客戶認知	高於預期		如預期		低於預期	2	5
人員專業度	專業		一半缺乏		不專業	7	70

複雜度

技術新穎性	已知技術		一些新的		突破技術	7	17.5
可交付成果相依性	沒有	少數	顯著	多數	關鍵	6	30
關係人數量	1或2人	很少/專案	幾個/專案	幾個/專案/大型專案	幾個/內外部	5	2.5
關係人分散程度	同一產業		幾個產業		很多產業	6	15
目標/效益/關鍵/成功因素	很清楚	不清楚	沒有指定	沒有定義	未知	6	15
範圍說明	定義清處	少數澄清	一些未定義	很多未定義	完全未定義	3	7.5
					總　　　分		540

(3)定義相依關係：確定大型專案內的專案之間以及專案和其他大型專案和營運作業之間，包括移轉活動等的順序和依賴關係，至少是下一循環的順序關係，相依關係有三種：(a)一個專案的輸出是另一個專案的輸入：這種關係通常在「定義大型專案」步驟由大型專案經理初步定義，在「實現大型專案效益」階段再由專案經理協助修正，這種順序關係可能是強制的相依（mandatory）或是自由的相依（discretionary）。(b)共享關鍵資源：當專案之間共用資源或是和其他營運作業共用資源時，資源必須在大型專案的層級進行相依管理，可以應用限制理論（theory of constraint）的概念進行管理，配合緩衝來管理關鍵資源。最後獲得的專

案清單必須包括以下資訊，但是在專案發起時，可能
會再修正。

(a)專案名稱。

(b)專案說明，包括產出。

(c)專案發起人。

(d)專案經理。

(e)專案團隊。

(f)里程碑。

(g)相依關係。

(h)對效益的貢獻。

(i)成本。

4. 規劃循環：規劃循環是決定將哪些專案納入每一個循
環，主要目的在：(1)避免重複執行類似專案，節省成
本，(2)減少專案之間的相依性，也就是某個專案無法
進行如果沒有另一個專案的產出。把大型專案拆解成循
環，會同時影響到專案清單中的專案，有些專案可能組
合成一個比較大的專案，有些專案則可能被拆成比較小
的專案。因此決定專案清單和決定循環應該同時進行好
幾個循環。應該將產出產品或系統的專案，和企業變革
的專案分開進行，以方便管理。將專案組成循環的主要
考量包括：

(1)將任一專案牽涉到的營運部門數量降到最低，以減少
關係人的數目。例如第一循環是生產部門，第二循環
是行銷部門。

(2)也可以將使用同樣資源的專案，放入同一個循環，例如
都要用到客戶關係管理系統的專案納入到同一個循環。

(3)將專案之間的營運流程相依性降到最低，特別是跨事
業部的專案，也就是說可以只用一個專案來涵蓋所有跨事
業部的流程的行動。

(4)將專案之間的技術相依性降到最低，例如推動行動溝通到好幾個事業部，但是需求不一樣的大型專案，可以用一個專案來採購所有需要的設備，而不是個別買自己需要的設備。

一旦每個循環的專案決定好了之後，接下來是重新檢視每個循環，確認它的管理可行性，包括資源需求、變革幅度和組織能力。如果某個專案太大，應該考慮減少其範圍或是將其拆成比較小的專案。決定納入循環內的專案數量和型式，通常是同時考量成本、風險、效益實現速度後的結果。每一個循環的結束，是大型專案的一個里程碑，以及一個或多個效益的實現點。例如建立客戶服務中心的大型專案，第一循環可能是成立客服中心和人員訓練完成，以啟動電話交易，第二循環可能是交付線上交易系統。第一循環可能需要一年，第二循環可能需要一年以上，但是效益在第一循環結束後，可以開始實現。

5. 制定大型專案計劃：大型專案計劃由大型專案經理負責制定，企業變革經理協助確定專案交付時間和移轉作業，不會影響企業的持續營運，並且確認效益實現活動的實際可行。大型專案計劃說明實現效益所需要執行的專案及其相依性。制定大型專案計劃的目的是：

(1)整體性的了解專案和效益的關聯性。

(2)利用大型專案計劃來極小化風險。

(3)確保專案計劃的整合性。

(4)建立高階關係人對大型專案的信心。

(5)確定有一個完整一致的方法達成目標。

(6)依照時程管理關係人的期望。

大型專案計劃的制定是一個結合由下往上（bottom-up）和由上往下（top-down）的遞迴過程，如果大型專案是

由幾個現有有專案組合而成，那麼大型專案計劃可以利用現有的專案計劃，以由下往上的方式組織而成，再根據大型專案層級的主要里程碑以及專案的相依性進行調整。除此之外，其他大型專案的計劃通常是在大型專案層級進行制定，首先決定每個循環的時程，然後針對每一個循環，利用藍圖、效益地圖和效益輪廓，確認必須交付的主要成果和必須達成的效益。第一循環的計劃通常可以詳細的估計時間、成本和資源需求，之後的循環則較為粗略。效益地圖、藍圖，專案產出和大型專案計劃的制定是一個遞迴的過程，效益了解之後，就可以制定藍圖，藍圖開始成形，需要的專案產出就可以確認出來，知道需要什麼產出就可以獲得相對的專案清單。效益、藍圖和產出三者在定義大型專案階段會持續調整修正。值得注意的是大型專案的特性就是，一開始不會知道所有需要執行的專案，很多專案會在大型專案執行過程才被確認出來。關係人的參與是做好大型專案計劃制定的關鍵，大型專案的規劃重點如下：

(1)排定專案和效益的主進度：資源需求，資源共用、關鍵資源等必須在大型專案的層級管理。為了有足夠資金讓大型專案順利進行，產生收入的行動應該優先處理，至少是放在第一循環。如果大型專案是從內外部取得資金，那麼就必須集中資源到可以快速產出關係人期望效益的行動上，以提高他們出資的動機。如果效益無法短期實現時，就要做好短、中、長期效益的搭配，再配合關係人聯結劃，儘早呈現大型專案的實質產出。此外，變革的妥善度和緊急性也是大型專案排程的考量重點，變革太快產生的阻力變大，因此團隊應該給大家有搞清楚狀況的時間，提高變革的接受

度，變革幅度越大，這個時間要越長。另外，能力移轉到營運部門之後，也應該讓他們有作業改變的穩定適應期。圖11.4為大型專案變革排程，其中(a)循環間距比較短，工作量比較少、移轉時間比較長，適合變革妥善度低和高緊急性的變革。(b)循環間距比較長，工作量比較多、移轉時間比較短，適合變革妥善度高和低緊急性的變革。

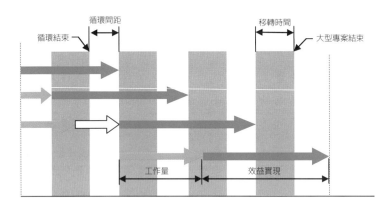

(a)低妥善度／高緊急性

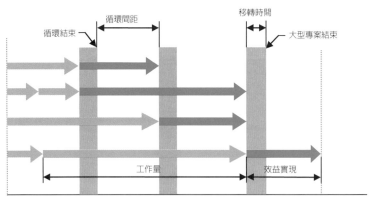

(b)高妥善度／低緊急性

圖11.4　大型專案變革排程

(2)規劃移轉計劃：大型專案成功的關鍵是把專案的可交付成果，變成組織的能力，然後整合後實現效益。大型專案團隊必須定義清楚將專案產出和新能力整合到企業的所有作業，整個過程的執行順序和角色責任必須緊密協調，並且表達在大型專案途程（program roadmap）中。移轉是由大型專案委員會啟動，也就是經過發起人、大型專案經理和企業變革經理（business change manager）確認出移轉需要的所有相關活動後開始。而在大型專案團隊對效益實現有貢獻的專案產出排出順序後，就可以接著規劃整合專案產出到企業的營運。理想上，企業變革經理必須確認可以讓變革平順的所有支援作業，例如訓練和測試等等，以降低變革的阻礙。大型專案經理可以透過各種型式的研討會和會議等，和變革對象座談以了解他們的需求和考量，變革管理的步驟必須清楚說明在效益實現計劃（program realization plan）當中。移轉計劃由大型專案經理和企業變革經理完成之後，由大型專案委員會和發起人進行審查。

(3)繪製詳細循環途程（cycle roadmap）：大型專案的途程相當於專案的排程，但是只顯示每一個關鍵產出或效益的交付日期或實現日期，也包括相依作業、移轉作業、審查、評估、報告等在大型專案層級的活動。大型專案途程是從效益實現計劃建構而成，因此已經考慮到資源的可用性和專案的達成率。圖11.5為和關係人及發起人溝通用的策略性大型專案途程，圖11.6為大型專案的循環途程，AOA網路圖比較適合大型專案的循環排程，其中節點代表效益里程碑的關鍵產出，箭頭代表專案界面或移轉作業，粗箭頭代表專

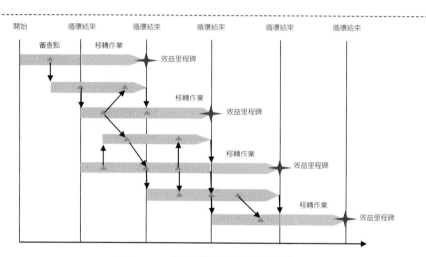

圖11.5 策略性大型專案途程

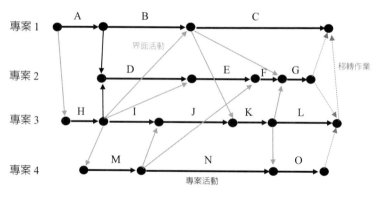

圖11.6 大型專案循環途程

案活動，紅色細箭頭代表界面活動，藍色虛箭頭代表移轉活動。大型專案途程在「定義型專案」階段結束時完成，但是可以在「建立大型專案」階段就開始制定。大型專案途程是發展大型專案計劃和大型專案源由的主要工具。

大型專案計劃至少包括以下的內容：

(1)循環目標及其開始和結束時候。

(2)專案及其時程，和里程碑時間。

(3)其他活動時程，如效益實現活動。

(4)專案之間的相依性。

(5)完成專案所需資源。

(6)任何關鍵審查點。

(7)有關大型專案的主要會議，如發起人委員會議。

大型專案計劃的審查時機如下：

(1)每一個循環開始之前。

(2)大型專案定義、範圍、交付狀況或期望效益有變更的時候。

(3)過渡到未來狀態之前，確認關係人了解大型專案計劃。

6. 制定大型專案源由：將前面獲得的大型專案相關資料，整合成為詳細的大型專案源由（如圖11.7），由發起人委員會核准。內容必須有足夠的資訊可以進行決策，但又不能有太多的細節。內容包括：

(1)達成藍圖的方案說明。

(2)成本效益分析。

(3)風險和議題。

(4)假設和限制。

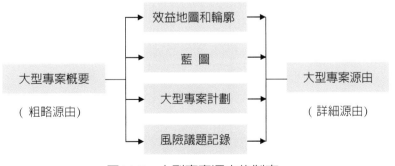

圖11.7　大型專案源由的制定

(5)方案選擇評估。

7. 規劃大型專案組織架構：大型專案經理規劃大型專案的角色責任和報告關係，再由發起人核准，大型專案的組織結構和治理架構，依照大型專案的特性而不同，並且應該兼顧到企業目前的治理系統。制定工作職掌可以明確化大型專案的角色責任。

8. 確認大型專案管理活動：除了列出專案清單之外，還必須確認大型專案層級的所有活動，包括初期的設定和後面持續的活動，例如初期要分析關係人，規劃關係人聯結計劃，進行風險分析和制定因應措施等。所有這些活動必須列出時程、成本和負責人。專案清單和管理活動提供交付大型專案需要執行的完整面貌。表11.3說明管理活動的範例。

9. 制定關係人聯結計劃：大型專案經理負責確認和了解大型專案的關係人，然後規劃如何和他們應對和溝通。

表11.3　大型專案管理活動範

管理活動	說明	負責人	里程碑	日期	相依	成本
持續性的大型專案管理	風險和議題管理	大型專案經理	風險分析完成／因應措施確認	每月	無	大型專案經理年薪400萬
	監督效益實現		效益監督			
	監督大型專案計劃		大型專案交付監督			
關係人聯結溝通	定期更新關係人訊息	負責人	所有關係人前諮詢完畢	2016/12/12	組織圖提案完成	年薪200萬

(1) 確認關係人：召開研討會利用腦力激盪的方式，找出參與大型專案或是被大型專案影響的所有關係人，大型專案通常都有很多關係人，所以一開始越多越好，接著以類別的方式將關係人分群，個別的主要關係人要小心應對。大型專案願景和藍圖可以做爲確認關係人的起點。

(2) 分析關係人：分析關係人影響大型專案，或是被大型專案影響的程度，最被大型專案影響，和最影響大型專案的關係人，是最需要被小心應對的一群。大型專案的關係人在大型專案的過程會來來去去，也就是有些在某一階段很重要，在其他階段又沒那麼重要。因此在一些關鍵審查點，應該要重新審視關係人的名單和分析的結果，尤其是在每一個循環開始之前。以確定聯結計劃的有效性。

(3) 應對關係人：根據關係人分析的結果，擬定和他們應對的最佳方式，包括：面對面會議、視訊、研討會、進度審查會、電子信箱、網站、佈告欄、啟動會議、訓練等等。選定的應對溝通方式必須放入大型專案計劃中。

| 產出 | 1. 大型專案效益輪廓和地圖：效益地圖呈現效益彼此之間、以及效益和企業策略、大型專案目標、專案產出之間的關聯性。或是效益和企業目標、結果、能力以及專案產出的關聯性。圖11.8和11.9爲效益地圖範例。效益輪廓詳細說明每個效益的細節，內容包括效益說明、效益類型（財務、非財務、可變現、不可變現），需要的企業變革、專案產出、效益負責人、受益關係人、衡量方式、和其他大型專案相依性、假設、限制、風險等。效益地圖也稱爲效益分解結構。 |

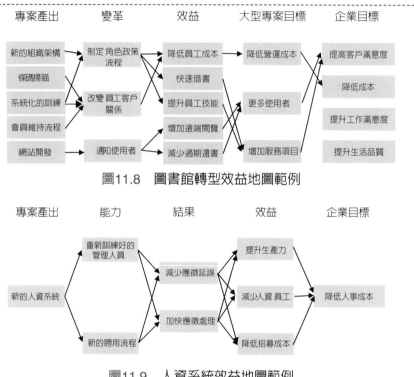

圖11.8　圖書館轉型效益地圖範例

圖11.9　人資系統效益地圖範例

2. 大型專案藍圖：藍圖內容包括目前狀況、未來狀態、差異分析（流程、組織、技術、資訊）、中間狀態以及未來狀態的待解議題等。

3. 大型專案計劃：經過大型專案委員會核准的大型專案計劃。

4. 大型專案源由：經過大型專案委員會核准的大型專案源由。

5. 大型專案組織架構：經過大型專案發起人核准的大型專案組織架構。

6. 大型專案管理活動：所有大型專案層級的管理活動。

7. 關係人聯結計劃：經過企業變革經理核准的關係人聯結計劃。

實現大型專案效益

簡介

實現大型專案效益
（Realizing program
benefits）

實現大型專案效益是大型專案的執行階段，主要目的是依照大型專案計劃，逐步按照循環的內容，發起、執行和監控專案，準時產出可交付成果，再經過整合形成能力之後，可以促成企業的變革，實現預期的效益。實現大型專案效益階段的重點是持續性的聯結關係人，並且管理風險、議題、效益、藍圖和大型專案源由。實現大型專案效益階段還包括規劃和管理營運部門，從舊的工作方式轉變到新的工作方式的過程，以及期望結果的達成，並且還要確保營運部門，在移轉過程的作業穩定性和營運績效。上述這些動作會在每個循環中視需要重複執行。實現大型專案效益階段如圖12.1所示，而實現大型專案效益階段的主要工作事項包括：

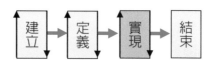

圖12.1　實現大型專案效益階段

	1. 管理循環。 2. 整合能力。 3. 實現效益。
管理循環 （Managing iterations）	管理專案的可交付成果，風險和議題，並確保大型專案藍圖和策略目標的一致性。
整合能力 （Integrating capability）	整合協調專案的可交付成果，以形成藍圖中的新能力，然後將整合後的能力，移轉到相關的營運部門。
實現效益 （Realizing benefits）	新能力移轉到營運部門之後，對企業所產生的效益。

　　實現大型專案效益（Realizing program benefits）階段的重點包括管理循環、整合能力和實現效益。管理循環是有條不紊的管理專案的啟動、規劃、執行和結束，包括管理專案之間的相依關係，監督關鍵可交付成果的產出，以及能力的交付等。大型專案的成功有賴於監控和協調所有專案的進行，以確保可以持續產出實現效益的能力。整合能力（integrating capability）的重點是將專案產出所提升的新能力，移轉和整合到企業的日常運作中，移轉能力是將一個新的作法植入到現有的營運系統中，牽涉到文化和工作習慣的改變，因此可能需要執行一系列的活動，來取得日常部門的接受改變。整合就是希望讓這個改變長久而且持續。將新能力整合到現有的營運部門，通常會遭遇到變革的阻力，因此可能需要執行一些變革管理的活動，來提高新能力順利整合到營運部門的成功機率。實現效益 （Realizing benefits）則

是在專案產出移轉到營運部門，和新能力整合使用之後開始，目的是
要達成大型專案的期望效益。有些大型專案，例如犯罪防制、大型基
礎建設和長期員工訓練等，因為產出的交付和效益的實現之間，有比
較長的時間差距，因此效益會在營運過程才會逐步實現。效益評估的
重點是能力交付和效益達成，效益一旦達成，大型專案團隊就應該馬
上向主要關係人進行溝通行銷，以取得他們的持續支持大型專案。圖
12.2為實現大型專案效益的方法。

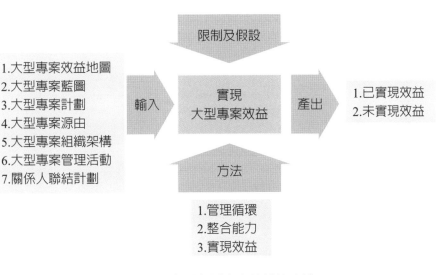

圖12.2　實現大型專案效益的方法

輸入	1. 大型專案效益地圖：詳細請參閱「定義大型專案」。
	2. 大型專案藍圖：詳細請參閱「定義大型專案」。
	3. 大型專案計劃：詳細請參閱「定義大型專案」。
	4. 大型專案源由：詳細請參閱「定義大型專案」。
	5. 大型專案組織架構：詳細請參閱「定義大型專案」。
	6. 大型專案管理活動：詳細請參閱「定義大型專案」。
	7. 關係人聯結計劃：詳細請參閱「定義大型專案」。

方法	1. 管理循環：主要工作內容如下：

(1)授權專案：大型專案經理擔任大型專案內的專案發起人，對專案發出以效益為導向的專案授權書，授權書的內容會使用到之前制定的相關文件，包括來自關係人需求分析的專案背景和理由；來自效益地圖和關鍵成功因素的專案目標、主要關係人和成功標準；來自關鍵績效指標和效益記錄的效益衡量標準；來自途程的里程碑和關鍵可交付成果；以及來自達成率分析的參數、限制、假設和風險等。專案授權書的詳細內容如下，其中前兩項是從大型專案的層級說明，之後幾項都是從專案的層級說明。

(a)背景和理由（justification）：以策略目標和關係人分析說明為何該專案被發起。

(b)專案目標：利用效益地圖和關鍵成功因素說明該專案對大型專案策略和效益的預期貢獻。

(c)關鍵可交付成果：說明對實現效益有顯著重要性的專案關鍵可交付成果，這些關鍵可交付成果會是專案的里程碑，必須向大型專案經理報告績效。通常大型專案經理會依照關鍵績效指標，準備高階的工作分解結構（high-level WBS）來引導專案的展開，以確保專案可交付成果有助於效益的實現。

(d)參數（parameters）：參數是指由管理層所給予的限制。包括時程、里程碑、預算、流程、合約型式、資源可用性，和其他會限制專案經理權利的因素。參數通常由專案經理和發起人協商同意後確定。

(e)內外部限制（constraints）：內外部限制是指由環境、狀況和法規所給予的限制，一般是在大型專案風險分析時確認出來。

(f)目前的高階風險和假設：在大型專案執行選擇專案
進行循環的決策時，團隊會進行風險分析，並對一
些議題擬定假設，如果這些會影響某一專案，就必
須將它們清楚列入專案授權書中。

(g)專案管理組織：說明哪些人或單位會參與這個專
案，角色責任以及他們的溝通報告關係。

(h)專案管理策略：專案以什麼方式執行。

(i)管理審查：管理層對上述的審查。

發起人發出授權書給專案經理，任何和該專案有關
的優先行動、支援作業、界面互動等都要清楚告知
專案經理。大型專案經理應該邀請專案的主要關係
人召開專案的啟動會議，並且在會中確定專案的範
圍說明。

(2)規劃專案：大型專案經理在專案規劃時必須參與的決
策主要是有關資源相依和集體風險等。其次，專案的
範圍必須符合大型專案的效益地圖，專案的排程必須
依據大型專案的里程碑，專案的允收標準必須連結到
大型專案的關鍵績效指標。如果有資源共用的狀況，
大型專案經理必須確認出來，以事先協調專案之間以
及和資源提供者之間的資源使用。專案風險可以分為
個別專案風險和集體風險兩種。專案計劃的兩大重點
是時間和成本。大型專案層級的專案進度規劃必須：
(a)說明活動的資源關鍵性，(b)重要的專案產出以及
(c)關鍵可交付成果和審查點。專案預算規劃必須：(a)
驗證現金流量需求，(b)整合所有專案的現金流量需
求，(c)依照專案需求優先順序，確保資金的可用性。
大型專案經理必須確定所有人都了解期望效益，有任
何的變更必須迅速通知專案經理。大型專案經理會審
核專案的溝通計劃、風險計劃和採購計劃等，如果專
案範圍包含了移轉作業，那麼相關人員必須參與計劃

的制定和核准。另外，大型專案經理也必須確定所有
專案經理依照企業的規定流程執行專案。大型專案經
理收到所有專案的計劃之後，協同營運部門相關人
員，審查它們之間是否有衝突現象，包括進度、資
源、範圍和移轉，必要時增加風險分析和因應計劃，
最重要的是確認集體風險、共用資源、界面、客戶溝
通、移轉作業和資金取得。循環的所有專案計劃最後
會被整合成為大型專案的主排程（master schedule）。

(3) 監控專案：監督和協調專案以產出期望的效益，大型
專案經理的責任是：

(a) 協調行動：管理不同專案之間的界面，集體風險和
儲備，並且確定專案有產出途程規劃（roadmap）中
的能力。

(b) 管理資源：根據專案的排序和資源的重要性，制定
一個持續更新的彈性資源負荷計劃（resource loading
plan），基本上，對效益實現貢獻度高而且達成率
高的專案，應該優先使用資源。比較資源的可用性
和資源需求排序，可以獲得資源負荷計劃。圖12.3
為資源負荷計劃說明。

(c) 管理相依：大型專案經理應該著重在專案之間的相
依，而不是活動之間的相依，大型專案每個循環的
途程是管理相依的主要工具，大型專案經理對專案
的產出，只評估關鍵可交付成果的效益，以及專案
之間的輸出輸入關係。

(d) 管理集體風險：專案規劃時，大型專案經理召開風
險研討會，協調處理專案之間的風險，並且確認哪
些風險可以歸為集體風險，然後依照關鍵成功因
素，排序集體風險。風險因應措施必須納入專案
範圍，並在工作分解結構WBS中列為風險包（risk
package）進行管理。

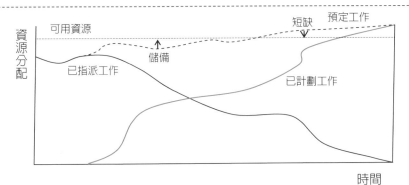

圖12.3 資源負荷計劃

(e)執行專案：依照專案計劃執行專案相關活動，大型專案經理必須確保專案在需要的時候有資源可以使用，負責內外部資源的取得和談判協商。並且決定備案和儲備的使用。如果是產品或服務的開發專案，大型專案經理必須確保專案經理及時獲得需要的功能和技術需求、以及各階段的審查和核准。如果有進行價值分析，大型專案經理必須監督其過程，並邀請主要關係人參加。

(f)監督專案：大型專案經理要確定有專案審查和核准的流程，並且監控專案的界面，相依和集體風險等。對於專案的進度，大型專案經理只要著重在關鍵可交付成果的里程碑，而不是專案個別活動的監控。資源的使用方面，大型專案經理只需注意緩衝的耗損，也就是只聚焦在緊急儲備和管理儲備的使用狀況，而不是專案個別活動的落後和超支，因為只要它們沒有超出儲備或緩衝的上限，在大型專案的層級都沒有關係。大型專案團隊也必須根據期望效益來評估專案的績效，所有和效益有關的關鍵可交付成果，都必須連結到關鍵成功因素和關鍵績效指標。專案經理對大型專案經理的報告，也是以關鍵可交付成果為主。

(g)管理專案變更：大型專案的變更可能發生在三個層級，專案、大型專案和企業層級。專案層級的變更是要將偏差拉回基準（baseline）；大型專案層級的變更則是為了實現效益。專案層級的變更由專案經理負責，任何會影響大型專案或其他專案的變更，則由大型專案經理負責。每一個大型專案的變更會被當做是一個小型專案來處理。

(h)管理儲備（reserve）：大型專案的緊急儲備（contingency reserve）分為三種，專案緊急儲備、大型專案緊急儲備和集體儲備。緊急儲備必須和特定風險連結。大型專案經理必須監督風險和緊急儲備的使用，如果某一個風險沒有發生，那麼就應該把儲備挪到其他更需要的地方。大型專案經理可以要求專案經理在每個階段確認需要的緊急儲備，階段結束時再討論下一階段是否需要緊急儲備。所有因應集體風險的緊急儲備必須在大型專案層級管理。好的緊急儲備管理有賴於好的資源管理和風險管理。

(4)行銷專案產出：對主要關係人行銷專案的產出，以取得他們的持續支持，只要有產出關鍵可交付成果，就馬上通知主要關係人，以實現如期交付的承諾。當然如果超出期限，也要通知主要關係人，實施糾正措施時再通知。

(5)結束專案：當專案完成所有範圍之後，專案結束，大型專案經理參與範圍的確認和審查（review），包括效率和效能；必要時可以進行稽核（audit），包括品質、法規、採購等。大型專案經理必須確認專案相關文件的收集、更新和歸檔，所有收尾議題的解決，產出的正式允許，並通知主要關係人專案已經允收。大型專案經理最後審核專案經理的專案結案報告。

2. 整合能力：主要工作內容如下：

(1)準備變革：將專案產出的新能力整合到現有營運部門，是一種企業組織的變革，因此必須先讓組織對這樣的變革做好準備，才能使企業平順的由現況（as is）過渡到期望（to be）狀態。大型專案團隊必須對營運部門提供相關的支援，必要時甚至包括使用者接洽和客戶服務等。這些支援活動應該在「定義大型專案」步驟就確認出來，並且納入專案的範圍。執行這些活動往往需要組織的變革，因此。在「實現大型專案效益」階段，大型專案團隊就可以實施這些變革活動，包括會議、訪談、研討等，從監督移轉能力和整合能力的過程，可以發現變革的阻力。大型專案經理的責任是確定專案的關鍵產出如計劃的交付，並且可以很容易的融入營運。企業變革經理的責任是確定營運層級的整合作業準備就緒，而且日常營運不會受到整合活動的影響。大型專案經理和企業變革經理協同讓變革的部門和人員，接受變革、擁抱變革進而促成變革。為了縮短變革的時間，企業可以設置變革領頭羊（change agent）的角色，指派最願意接受變革的人擔任，代表發起人來協助變革的完成。另外，大多數的人因為長時間的慣性，無法馬上接受變革，因此可以在舉辦各種變革活動之後，給他們一段時間去理解變革的必要和好處，可以降低變革的阻力。最後，變革的阻力其實是衝突（conflict）的一種，因此適當的處理，不但(a)可以改善決策的品質，因為他們會提出不同的看法；甚至(b)可以提高變革對象的認同和支持。

(2)管理變化：大型專案必須隨著環境的變化而調整，稱為適應式變化管理（adaptive change management），

因為順應變化才能持續提升所要創造的價值,因此迅捷性(agility)和彈性(flexibility)是達成不斷演化的目標的必要手段,大型專案團隊必須對變化做出快速反應。適應式變化管理是指當實現的效益和預期的效益有差距時,或是關係人的期望發生變化時,所進行的必要變更,過程包括了解狀況、尋求方案、評估選項、分析衝擊和授權變更等。

(3)移轉能力:專案的可交付成果經過整合之後稱為能力(capability),這種能力可以為企業帶來新的營運狀態(operational state),稱為結果(outcome),這個結果所產生的好處就是效益(benefit)。把新的能力移轉到營運部門,可能需要一些配合作業:包括技術和營運測試、訓練、指導、支援等等。移轉能力要制定詳細的移轉計劃,包括移轉流程、角色責任等。移轉團隊和接收方或使用者的權責要劃分清楚,以免多做了不需要做的事情。移轉能力的重點工作是訓練,除了技術面的移轉,還要注意知識面的移轉,以及必要的指導和協助。移轉作業在大型專案經理以及企業變革經理的指示下進行,大型專案經理著重在大型專案的能力移轉,企業變革經理則聚焦在營運部門的移轉妥善度。

(4)整合能力:把能力整合到企業的營運作業當中。

3. 實現效益:主要工作內容如下:

(1)評估績效:如果環境相對可預測,大型專案的績效評估可以同時兼顧基準(baseline)和機會,稱為基準評估(baseline evaluation)。如果環境相對不可預測,大型專案的績效必須同時評估效益和調整方法,以便改善效益的實現,稱為機會評估(opportunity evaluation)。

因此在管理大型專案過程，必須持續更新藍圖和效益記錄，以方便定期評估績效和重調目標。簡單的説，大型專案經理根據里程碑來評估可交付成果，根據交付效益來評估績效，並且根據結果來管理關係人的期望。績效的評估有兩個層面：A.大型專案層級：從大型專案層級評估效益時，團隊必須著重三個等級：(a)企業：除了衡量效益的交付之外，也要評估企業或客戶目標的變化，以重新排序客戶期望和關鍵成功因素。(b)價值鏈：評估共用資源和稀有資源的使用績效。(c)效益交付；依照效益實現計劃和效益記錄，評估效益交付的績效。B.專案層級：大型專案團隊根據專案目標評估專案的績效，評估重點有：(a)專案整體績效：品質、時程、資源使用、儲備使用、界面和相依管理狀況。(b)對環境變化的反應速度。(c)對工作順序的重新規劃能力。(d)對專案授權書和範圍的變更調整建議能力。評估績效之後，大型專案團隊比較後續專案的執行排序，以決定資源的使用，必要時更換專案經理。

(2)評估效益實現：根據效益記錄和藍圖定期評估效益，以確保持續符合大型專案目標和效益實現計劃。由發起人和大型專案委員會審查大型專案狀態報告（program status report）及效益記錄（benefits register）（如表12.1）。效益實現可以設定成期中效益和期末效益，以方便管理團隊隨著進度和關係人溝通應對。效益實現報告經過核准之後，大型專案經理可能需要發出變更要求；大型專案團隊向關係人行銷效益的達成狀況；大型專案委員會決定是否進入下一循環，或終止大型專案。

Program Management Body of Knowledge
大型專案管理知識體系

表12.1 效益記錄

產出	能力 (KPI)	標準	目標值	允許彈性	期限	負責	實際	誤差	交付期
根據目標定義選擇標準	根據目標執行 Proj/Prog 選擇流程	根據流程選擇的專案比率	80%	-5%	7 月	企劃室	75%	-5%	7 月
定義達成率標準	根據達成率標準選擇所有 Proj/Prog	發起人核准達成率標準	100%	0%	2 月	財務部	100%	0%	1 月
治理架構就緒	治理系統就緒	治理系統完全運作	6 月	+2 月	6 月	CEO 辦公室	24 週	-1 週	24 週
選擇專案測試達成率標準	完成專案選擇標準測試和驗證	完成的專案完成達成率測試	50 專案	-1%	10 月	PMO	50	-2 月	8 月
使用達成率標準到所有專案	所有專案使用達成率標準	使用達成率標準的專案百分比	100%	0%	12 月	財務部	85%	-15%	12 月
監控策略符合度	治理會議定期召開	參加治理會議經理人數	80%	-5%	9 月	企劃室	90%	+10%	7 月

(3)溝通績效：準備好大型專案的執行狀況報告，以便隨時提供給所有的主要關係人，提高他們的參與程度。針對大型專案委員會的報告應該呈現：(a)目標的持續符合性，(b)循環結果的可預測性，(c)跨部門溝通的有效性，(d)移轉過程的敏捷性，(e)關鍵成功因素的達成率，(f)效益的實現性。大型專案的執行細節報告主要圍繞在效益地圖、藍圖和效益記錄，此三者在「定義

大型專案」步驟制定，在每一循環更新。所以報告內容包括效益地圖和關鍵成功因素的達成狀況，藍圖能力和結果的交付情形，關鍵績效指標的完成進度和效益記錄等。

(4)進入下一循環：每一個循環結束，進入下一循環之前，大型專案團隊必須執行以下事項：A.審查成果和重調目標：團隊協同大型專案委員會審視本循環的所有相關事項，包括分析：(a)本循環的期望效益是否已經達成，(b)大型專案的環境是否已經改變，(c)關係人的需求和期望是否已經變更，(d)大型專案是否還有存在的價值。因為大型專案的成敗是在企業的層級衡量效益是否實現，因此必須在每一個循環結束時，根據內外在環境的變化，重新審視最初需求的有效性，由大型專案委員會重新評估機會和目標。專案的監控是為了糾正偏差，大型專案的評估則是為了改善決策，透過發起人長（executive sponsor）和委員會在策略層級重擬和調整決策。大型專案的一個循環接近結束時，每個專案會被評估可交付成果的完成時程和品質、資源使用、儲備使用、界面和相依管理狀況等，評估完畢之後，團隊再根據新的外在威脅和機會，以及專案的關聯性和產生的集體效益等，重新調整定義專案，然後排序進入下一循環的專案。必要時可以更換不適任的專案經理。表12.2為進入下一循環的可能調整。B.管理大型專案知識：因為大型專案是一個循環學習的過程，因此知識管理必須融入績效評估的流程，包括建立大型專案階段的需求、期望和目標的定義；「實現大型專案效益」階段的效益實現，績效監控和報告流程，變更管理等等。建立大型專案和執行

表12.2　進入下一循環的可能調整

狀況評估	調整決策
改變關鍵成功因素排序	重新排序目標或資源
內部需求變更	
外部壓力必須變更	
整合變革	依需要重新調整步調 (舉辦研討會或訓練)
加快或減緩變革速度	
確認變革阻力	
交付效益	重新調整穩定期的期程和 循環結束的時間
效益沒有如期交付	
效益影響不如預期	
績效水準	審視優先順序並重新分配資源 到最需要的地方
一般績效下降	
特定績效出現問題	

大型專案是知識的取得階段，評估大型專案績效是知識的分享階段，因為將取得的知識應用到下一循環。

C.授權進入下一循環：發起人長或委員會核准本循環的目標達成績效，授權大型專案進入下一循環。

限制及假設	—
產出	1　已實現效益：已經實現的效益。 2.　未實現效益：尚未實現的效益。

Chapter 13

結束大型專案

簡介

結束大型專案
（Program closure）

大型專案生命週期的最後一個階段是結束大型專案，它是在大型專案達成目標之後，或是因為預算中斷，或其他因素所造成的提早結束的一個收尾動作。不管是什麼原因所造成的結束，執行大型專案的結束流程是一個必要的動作，因為這樣才能確定大型專案已經結束，並確保能力和效益的交付經過評估。大型專案的期程通常需要好幾年，如果沒有標準的結束流程，那麼大型專案很可能會變成像例行性的營運活動一樣，永遠沒有停止的一天。結束大型專案的重點，包括：(1)有無正式審查大型專案，(2)有無收集經驗教訓，(3)有無確認未完成工作和負責人指派，(4)有無指派專人追蹤未完成效益，(5)有無規劃大型專案結束後的效益追蹤流程，(6)有無授權結束大型專案。結束大型專案階段流程如

Program Management Body of Knowledge
大型專案管理知識體系

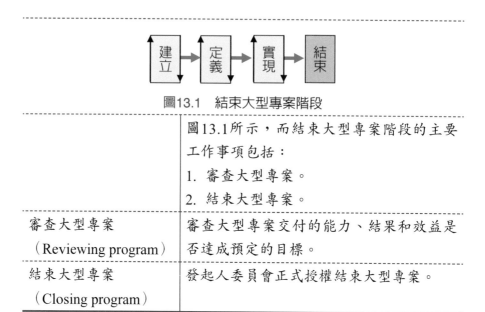

圖13.1　結束大型專案階段

	圖13.1所示，而結束大型專案階段的主要工作事項包括： 1. 審查大型專案。 2. 結束大型專案。
審查大型專案 （Reviewing program）	審查大型專案交付的能力、結果和效益是否達成預定的目標。
結束大型專案 （Closing program）	發起人委員會正式授權結束大型專案。

　　結束大型專案（Closing program）的動作是從最後一個專案結束後開始，結束大型專案可以視為一個小型專案，因此結束的時程，角色責任等應該明定清楚，並通知所有關係人大型專案即將結束。結束大型專案首先由發起人進行正式的大型專案審查，大型專案經理和企業變革經理提供相關資料，最後發起人向發起人委員會提出大型專案結束的建議，由發起人委員會核准後，大型專案正式結束。圖13.2為結束大型專案的方法。

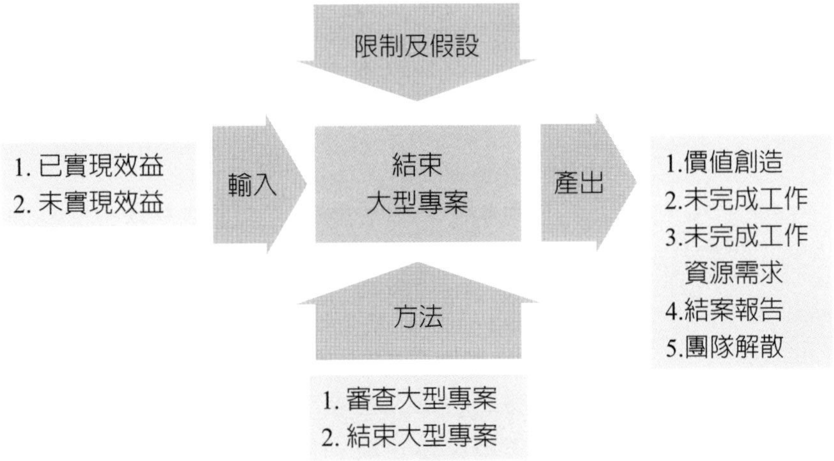

圖13.2　結束大型專案方法

輸入	1. 已實現效益：詳細請參閱「實現大型專案效益」。 2. 未實現效益：詳細請參閱「實現大型專案效益」。
方法	1. 審查大型專案：審查大型專案是否達成預期的目標和結果，可以從以下的資料進行比對： (1)願景。 (2)效益地圖。 (3)藍圖。 (4)專案和活動清單，包括變革活動。 (5)大型專案概要和大型專案源由。 (6)循環結束的審查資料。 大型專案的結束審查報告內容包括： (1)大型專案的由來。 (2)多少藍圖內容已經達成。

(3)效益達成狀況。

(4)未實現效益的負責人。

(5)待處理風險和議題的負責人。

(6)主要經驗教訓。

2. 結束大型專案：結束大型專案重點包括：

(1)發起人委員會依照發起人的建議，授權結束大型專案。

(2)發起人通知所有關係人大型專案結束，經驗教訓轉移到其他大型專案。

(3)解散大型專案組織。

(4)發起人委員會簽核大型專案結束。

結束大型專案的工作項目包括：

(1)確認未完成工作。

(2)指派未完成工作。

(3)移轉剩餘工作。

(4)撰寫結案報告。

(5)總結經驗教訓。

(6)對關係人行銷大型專案的效益達成狀況。

限制及假設	—
產出	1. 價值創造：大型專案為企業和關係人所創造的價值。 2. 未完成工作：大型專案團隊制定一個完成未實現效益必須完成的未完成工作清單，在合理期限內可以完成，而且沒有風險的工作，可以指派給負責人自行完成，在合理期限內無法完成的工作可以納入其他大型專案，或是轉給營運部門繼續執行。未完成工作清單必須經過大型專案發起人的同意。

3. 未完成工作資源需求：估計完成未實現效益所需
   執行的未完成工作的資源需求。
4. 結案報告：大型專案結案報告的內容包括背景、
   藍圖、效益達成狀況、未完成效益負責人、未完
   成工作風險和負責人、未完成工作議題和負責
   人、經驗教訓、簽核等。
5. 團隊解散：大型專案團隊解散並歸建到借調部
   門。

專案／大型專案／組合管理
成熟度

　　專案／大型專案／組合管理成熟度（PPPMM－Project/Program／Portfolio Management Maturity）是用來衡量組織管理專案、大型專案和組合管理的能力，實務上已經發現專案／大型專案／組合管理的成熟度越高，專案／大型專案／組合管理的績效越好，而且達成目標的成本越低。更具體的說，專案／大型專案／組合管理的成熟度越高，達成目標的機率也越高，如圖14.1所示。由圖中可以看出，第一級的成熟度只有50%的達成機率，也就是成敗各半，因此成功純粹是靠運氣。第二級的成熟度達成率可以提高到60%，所以成功的可能性已經大於失敗的可能性。第三級的成熟度達成率又提高到70%，成功的機會已經遠大於失敗的機會。如果組織的成熟度提升到第四級，達成率可以提高到80%，也就是五個案子當中，有四個會成功。如果成熟度再度提升到最高的第五級，那麼組織的專案／大型專案／組合管理的達成率可以提高到100%，也就是在這個狀態下的組織，可以100%達成每個專案／大型專案／組合管理的預定目標。

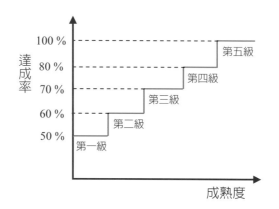

圖14.1　成熟度與達成率

　　專案、大型專案和組合管理的執行績效受到三個主要因素的影響，即成員、管理流程和IT技術。專案、大型專案和組合管理成熟度就是要檢視組織在這三方面綜合運作的效果。其主要目的是提供組織一個改善專案、大型專案和組合管理能力的架構，也就是說，即使成員的經驗豐富，資格能力都非常好，如果組織沒有運作順暢的專案、大型專案和組合管理流程，成員也很難有施展的機會和空間；組織有了管理流程之後，如果沒有適當設計的專案、大型專案和組合管理資訊系統，專案、大型專案和組合管理的效率還是不容易有突破性的提升。圖14.2為五級的專案、大型專案和組合管理成熟度模式，由圖中可以發現，專案、大型專案和組合管理成熟度模式是綜合衡量專案、大型專案和組合管理的成熟度，也就是三者的最低表現，決定歸屬的等級。例如專案在第二級，大型專案在第三級，組合管理在第三級，那麼這個組織的專案、大型專案和組合管理成熟度為第二級。

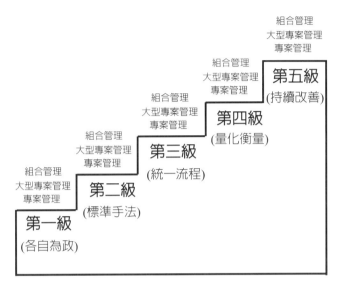

圖14.2 專案、大型專案和組合管理成熟度模式

各自為政 （Individualized process）	沒有正式的專案、大型專案和組合管理流程，主要特徵有： 1. 很多不完整及非正式的管理方法，而且每個專案、大型專案和組合管理都不一樣。 2. 高度依賴專案、大型專案和組合管理經理的能力。 3. 專案、大型專案和組合管理的結果無法預測。 4. 組織很少提供支持。 5. 經驗教訓沒有留存。
標準手法 （Localized process）	開始使用專案、大型專案和組合管理的手法，但是只限於各個部門的內部，主要特徵有： 1. 部門主管提供支持。 2. 流程可以在部門內重複應用。 3. 專案、大型專案和組合管理結果稍可預測。

	4. 使用通用的專案、大型專案和組合管理工具。
統一流程 （Organizational process）	組織各部門使用相同的專案、大型專案和組合管理流程，主要特徵有： 1. 高層主管支持專案、大型專案和組合管理。 2. 組織可以有效的規劃、管理、整合和控制專案、大型專案和組合管理。 3. 保留並使用舊案資料。 4. 有提供專案、大型專案、組合管理經理和成員的訓練。 5. 使用一致的專案、大型專案和組合管理工具。
量化衡量 （Process performance measurement）	組織以量化的方式衡量專案、大型專案和組合管理流程的績效，主要特徵有： 1. 定義專案、大型專案和組合管理流程的關鍵績效指標。 2. 使用量化的工具來探討流程的績效。
持續改善 （Continuous process improvement）	建立制度化的專案、大型專案和組合管理流程改善機制，主要特徵有： 1. 高度鼓勵專案、大型專案和組合管理方法的改善。 2. 彈性的專案、大型專案和組合管理組織。 3. 提供專案、大型專案和組合管理經理生涯規劃。 4. 將專案、大型專案和組合管理訓練視為員工能力發展的一環。

大型專案管理專有名詞

Ambiguity（混淆性）
混淆性則是因為有多個可能方案，因此關係人對目標沒有一致的共識，導
致目標在過程會持續變更。

Benefit（效益）
新的營運狀態對企業的改善衡量，例如提高銷售收入20%。

Benefit owner（效益負責人）
負責效益成功交付的人，他來自大型專案所影響的營運部門，每個效益負
責人可以負責一個或多個效益的實現。

Benefits realization plan（效益實現計劃）
大型專案實現效益的方法和時程的詳細說明文件。

Benefits register（效益記錄）
記錄大型專案效益實現狀況的文件。

Business analysis（商業分析）
了解企業目前的處境（current state），定義企業未來的狀態（future
state），並且決定如何由目前處境移動到未來狀態的方法。

Business change manager（企業變革經理）
負責做好企業的變革，然後將大型專案所產出的新能力，融入營運部門的
運作當中，再用新能力去實現可以衡量的效益的人。

Business integrator（企業整合經理）
同企業變革經理。

Capability（能力）
整合幾個專案的可交付成果所形成的企業能力，例如IT系統完成測試，可

以移轉給營運部門。

Change（變革）
企業原有制度或執行方式的改變，可能包括文化，流程，技術，營運模式
等等。

Communication and marketing management（溝通行銷管理）
大型專案不只要讓關係人知道狀況，還必須取得他們對大型專案的支持，
因此大型專案團隊必須建立對關係人的互動溝通行銷系統，在落實策略和
實現效益的前提下，取得關係人的持續支持大型專案，以及必要時快速獲
得他們的回饋意見和需要的決策。

Corporate portfolio board（組合管理委員會）
企業負責進行組合管理的一組人。

Cycle roadmap（循環途程）
大型專案的排程，但是只顯示每一個關鍵產出或效益的交付日期或實現日
期，也包括相依作業、移轉作業、審查、評估、報告等在大型專案層級的
活動。

Deliverable（可交付成果）
每個專案完成之後可以產出的標的物，例如一個IT系統的子系統。

Design options（發展方案）
組織、確認和驗證前面所獲得的需求，然後找出可以滿足需求的可行方
案。

Eliciting information（收集資料）
收集和變革有關的相關資料。

Emergent program（合併式大型專案）
為了產生綜合效果，把現有的幾個專案合併成為一個大型專案。

Executive sponsor（發起人長）
發起人委員會的主席。

Formulating strategy（制定策略）
將需求轉成企業目標，然後定義達成企業目標的最有效方法，也就是定義
期望的未來狀態以及從現況轉變到未來的最佳方式。

Integrating capability（整合能力）
整合協調專案的可交付成果，以形成藍圖中的新能力，然後將整合後的能
力，移轉到相關的營運部門。

Iteration（循環）
完成大型專案所需執行的期程切割數，每個期程包含某些專案。

Managing iterations（管理循環）
管理專案的可交付成果，風險和議題，並確保大型專案藍圖和策略目標的
一致性。

Managing portfolio（管理組合）
確認、評估、選擇、排序、平衡和授權可以解決問題或創造機會的方案，
以確保極大化整體組合的效益，達成企業預定的策略目標。

Managing requirements（管理需求）
管理從需求出現一直到需求核准的過程，包括需求的取得、排序和變更，
以確保企業、關係人和解決方案三者之間的一致性。

Mission（使命）
企業在社會發展中所要擔任的角色和責任。它是企業的根本性質和存在的
理由，說明企業的經營領域和經營思想。

Multi-project management（多專案的管理）
不是以大型專案的方式進行管理，而是以投資組合的思維，對每個專案進
行預算的分配，稱爲多專案的管理。

Objective management（目標管理）
配合關係人需求的變化，隨時調整和管理大型專案的效益實現。

Operational program（作業型大型專案）
為了產生持續和局部改善的長期性大型專案，通常由短期的專案所組成，產出的預測性高，目的在改善作業績效（operation performance）。

Output（產出）：同可交付成果。

Outcome（結果）
企業能力移轉到營運部門之後，所造成的營運狀態，例如增加客戶處理速度。

Outcome management（結果管理）
大型專案則是以循環式（cyclic）的流程，產出專案可交付成果，整合成果後形成能力，能力移轉後獲得結果，結果衡量後實現效益。

Pace management（步調管理）
管理大型專案效益實現計劃的步調，逐步交付符合策略目標的效益。

Partnership management（夥伴管理）
大型專案必須和價值鏈上的所有成員建立夥伴關係。

Portfolio management（組合管理）
從所有的候選專案和大型專案中，選擇一組對企業綜合投資報酬率最大的專案和大型專案組合，稱為組合管理。

Program（大型專案）
為了達成企業目標，需要統一協調管理的一群彼此相關的專案，成功執行完畢可以為企業產生效益和創造價值。

Program benefit map（大型專案效益地圖）
呈現大型專案預期效益和企業目標、大型專案目標、專案可交付成果之間關聯性的圖形。

Program benefit profile（大型專案效益輪廓）
大型專案每個效益的詳細說明文件。

Program blueprint（大型專案藍圖）
大型專案希望達到的企業未來狀態的詳細說明。內容包括目前狀況、未來狀態、差異分析（流程、組織、技術、資訊）、中間狀態以及未來狀態的待解議題等。

Program board（大型專案委員會）
對大型專案發起人負責，並且負責大型專案發起人所指派的協助工作，包括跨專案的溝通協調，以及大型專案內的其他事項。

Program brief（大型專案概要）
大型專案經理協同企業變革經理，根據大型專案指導所制定出來的一個高階的大型專案源由，內容包括大型專案的願景和效益，由發起人委員會核准是否進入詳細的規劃作業。

Program business case（大型專案源由）
定義大型專案階段的總結報告，由發起人委員會核准後，進入實現大型專案效益階段。

Program concept（大型專案概要）
又稱為機會源由（opportunity case），它是大型專案的最源頭的文件，目的是要粗略評估大型專案能否為企業創造機會，它是價值訴求文件的一部分。大型專案概要是一個粗略的大型專案源由（high-level business case）。

Program mandate（大型專案指導）
來自企業高層的策略規劃，由發起人委員會核准發出的一個評估大型專案潛力的指導文件。

Program management（大型專案管理）
協調管理一群專案，然後整合它們的產出，以提升企業能力，為企業實現效益和創造價值的過程。

Program manager（大型專案經理）
實際負責大型專案規劃、執行和結束的人，他的主要責任是成功交付能力，之後再將能力移轉到已經由企業變革經理變革完成，可以使用新能力的營運部門，利用新能力產出希望的新結果，為企業實現預期的效益。

Program management office（大型專案管理辦公室）
企業推動大型專案管理的辦公室，負責制定和管理大型專案相關的治理系統、流程規劃和模版設計，大型專案管理辦公室有時也負有組合管理的責任。

Program office（大型專案辦公室）
個別大型專案的辦公室，協助大型專案經理和團隊，尤其是在大型專案內所有專案的資訊、資料、溝通、報告、監督和控制等，需要統一集中協調運作的時候。

Program organization（大型專案組織）
大型專案的治理系統和組織架構，制定大型專案組織的關鍵是是否有執行大型專案的領導和管理架構。

Program plan（大型專案計劃）
說明達成大型專案目標所需要執行的專案和他們之間的關聯性。

Program sponsor（大型專案發起人）
對大型專案負最終成敗責任的人，他必須確保大型專案達成目標和實現效益，

Program value proposition（大型專案價值訴求）
高層根據內外部環境，定義策略行動的目標，然後產生幾個價值說明，這些說明就變成大型專案的價值訴求，例如提高獲利、增加市場占有率等。

Program vision（大型專案願景）
大型專案希望達到的美好未來狀態的高階描述，它是決定大型專案結果（outcomes）和效益（benefits）的基礎。

Project（專案）
專案通常是事業單位內部的作為，每個專案被視為是個別的行動，彼此獨立沒有關聯性，資源由事業部提供，成功後可以為事業部產出期望的可交付成果。

Project/Program/Portfolio Management Maturity（PPPMM，專案 / 大型專案 / 組合管理成熟度）
衡量組織管理專案、大型專案和組合管理的能力，專案 / 大型專案 / 組合管理的成熟度越高，專案 / 大型專案 / 組合管理的績效越好，而且達成目標的成本越低。

Project manager（專案經理）
負責規劃、執行、監督和控制專案，並產出可交付成果協助實現大型專案效益的人。

Project sponsor（專案發起人）
對專案經理進行授權，發出授權書給專案經理的人。

Realizing benefits（實現效益）
新能力移轉到營運部門之後，對企業所產生的效益。

Resource management（資源管理）
配合效益實現的步調，管理所有未來需要的資源；換句話說，大型專案的重點是管理實現期望效益所需要的資源，而不僅僅是成本而已。

Risk package（風險包）
專案風險因應措施必須納入專案範圍，並在工作分解結構（WBS）中列為風險包進行管理。

Sponsoring board（發起人委員會）
進行投資決策，定義企業的方向，並確保大型專案與企業策略目標相吻合的一組人員。

Stakeholder engagement（關係人聯結）

大型專案經理必須和關係人緊密聯結，以取得他們對大型專案的目標、效益和結果的支持，持續確認效益、溝通效益、了解效益和實現效益。

Stakeholder relationship management（關係人關係管理）

大型專案的關係人關係管理除了要了解每個關係人對大型專案的貢獻之外，特別強調要和關係人建立夥伴關係。

Strategic program（戰略型大型專案）

為了轉型企業或是改變商業模式所執行的大型專案，它是企業為了執行策略所進行的組合管理的產物。

Strategy（策略）

企業在競爭的環境中，考量本身的優劣，據以形成優勢和創造生存與發展空間所採取的反應。

Strategy management（策略管理）

企業分析外在環境的機會和威脅，衡量內部的優勢和劣勢，為了領先對手所做出的策略性行動。

Tactical program（戰術型大型專案）

為了提高經營的效率（business performance），或是創造新的能力，可以產出策略性的結果的大型專案。

Transition plan（移轉計劃）

把專案的可交付成果，變成組織的能力，然後整合後實現效益的一個計劃。

Uncertainty（不確定性）

指缺乏可靠的資訊，因而難以判斷因果關係，以致無法預測結果，甚至無法預測目標清楚的行動的結果。

Uncertainty management（不確定性管理）

大型專案必須管理好未知的不確定性，而不是已知的風險。

Value（價值）

綜合所有效益為企業或關係人所創造的價值，例如增加市場占有率10%。

Vision-led program（願景驅動式大型專案）

為了執行企業策略所展開的大型專案。

美國專案管理學會
AMERICAN PROJECT MANAGEMENT ASSOCIATION

　　APMA (美國專案管理學會) 提供六種領域的專案經理證照：(1) 一般專案經理證照、(2) 研發專案經理證照、(3) 行銷專案經理證照、(4) 營建專案經理證照、(5) 複雜專案經理證照、(6) 大型專案經理證照。APMA 是全球唯一提供這些證照的學會，而且一旦您通過認證，您的證照將終生有效，不需要再定期重新認證。證照認證方式為筆試，各領域的試題皆為 160 題單選題，時間為 3 小時。

哪一種證照適合您？

　　您可以選擇和您背景、經驗及生涯規劃最接近的證照，請參考以下的說明，選出最適合您的領域進行認證。沒有哪一個證照必須先行通過，才能申請其他證照的認證，不過先取得一般專案經理證照，有助於其他證照的認證。

❶ 一般專案經理 (Certified General Project Manager, GPM) 適合管理或希望管理一般專案以達成組織目標，或希望以專案管理為專業生涯發展的人。

❷ 研發專案經理 (Certified R&D Project Manager, RPM) 適合管理或希望管理各種產品和服務的開發以達成組織目標的人。

❸ 行銷專案經理 (Certified Marketing Project Manager, MPM) 適合管理或希望管理產品和服務的行銷以達成組織目標的人。

❹ 營建專案經理 (Certified Construction Project Manager, CPM) 適合管理或希望管理營建工程專案以達成組織目標的人。

❺ 複雜專案經理 (Certified Complex Project Manager, XPM) 適合管理或希望管理複雜專案以達成組織目標的人。

❻ 大型專案經理 (Certified Program Manager PRM)) 適合管理或希望管理大型專案以達成組織目標的人。

美國專案管理學會詳細資訊，請參考 http://www.a-pma.org/

國家圖書館出版品預行編目資料

大型專案管理知識體系／魏秋建著. －－初
版. －－臺北市：五南, 2017.12
　面；　公分
ISBN 978-957-11-9462-2（平裝）

1.專案管理

494　　　　　　　　106018771

1F0G

大型專案管理知識體系

作　　者 ― 魏秋建

發 行 人 ― 楊榮川

總 經 理 ― 楊士清

主　　編 ― 侯家嵐

責任編輯 ― 黃梓雯

文字校對 ― 許宸瑞

封面設計 ― 盧盈良

出 版 者 ― 五南圖書出版股份有限公司

地　　址：106台北市大安區和平東路二段339號4樓

電　　話：(02)2705-5066　　傳　真：(02)2706-6100

網　　址：http://www.wunan.com.tw

電子郵件：wunan@wunan.com.tw

劃撥帳號：01068953

戶　　名：五南圖書出版股份有限公司

法律顧問　林勝安律師事務所　林勝安律師

出版日期　2017年12月初版一刷

定　　價　新臺幣350元